JN109781

金属製避難はしご

固定はしご

□常時，壁面等に固定されているもの

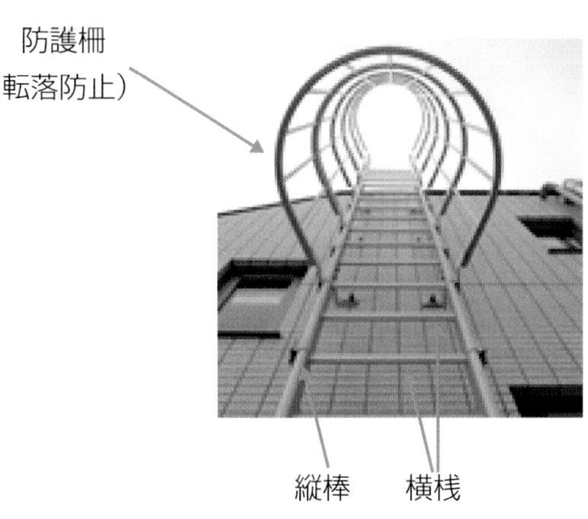

□固定はしご（伸縮式）

（はしごの下部が伸縮する）

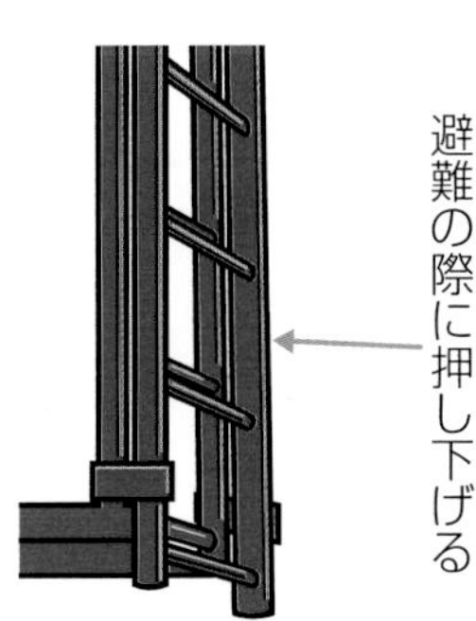

□ 固定はしご（収納式）

（平常時は横さんが縦棒に収納されている）

つり下げはしご

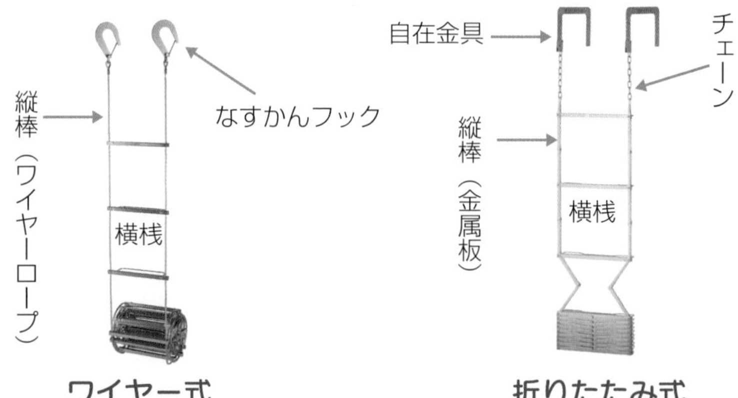

ワイヤー式　　折りたたみ式

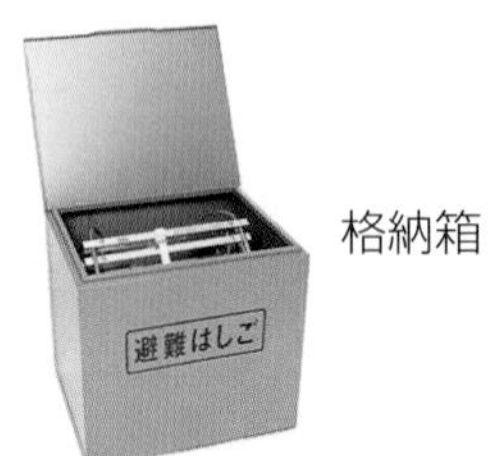

格納箱

標識の例

避難はしご

避難ハッチ用つり下げはしご

立てかけはしご

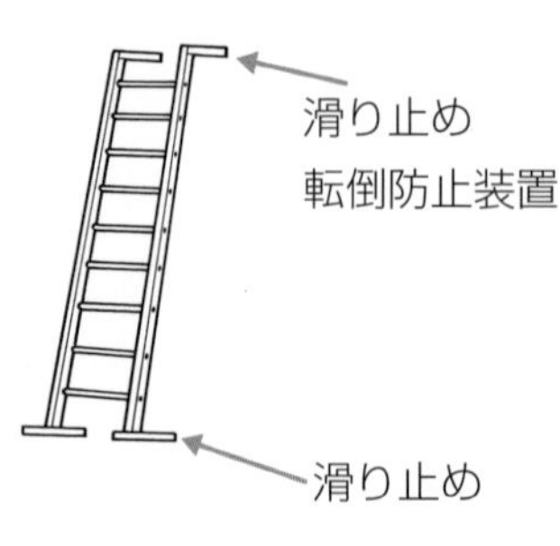

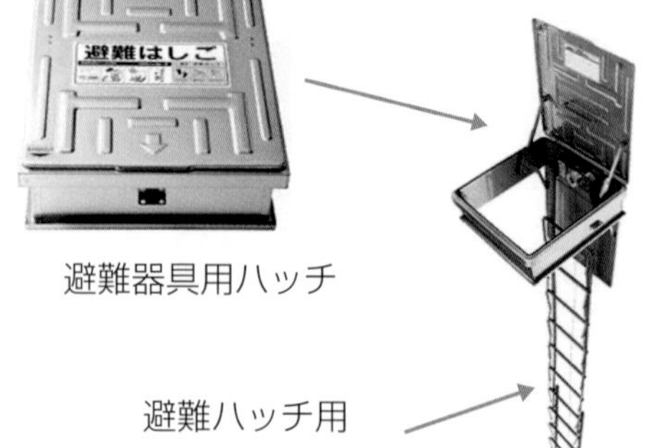

避難器具用ハッチ

避難ハッチ用
つり下げはしご

緩　降　機

緩降機の例 - 1

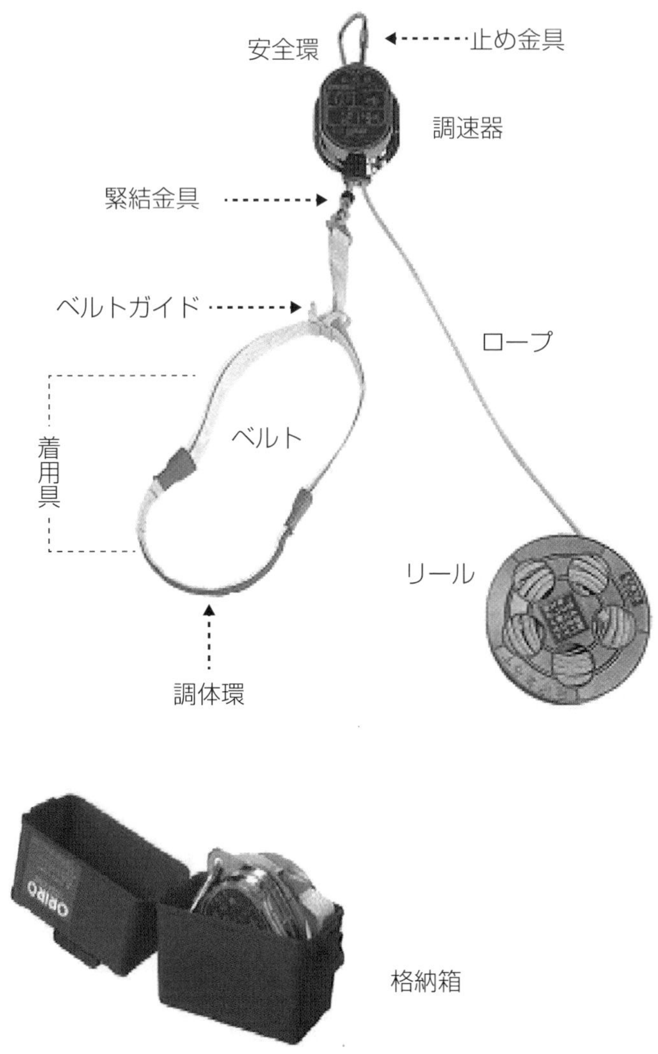

緩降機の例 -2

（着用具の部分が若干異なる）

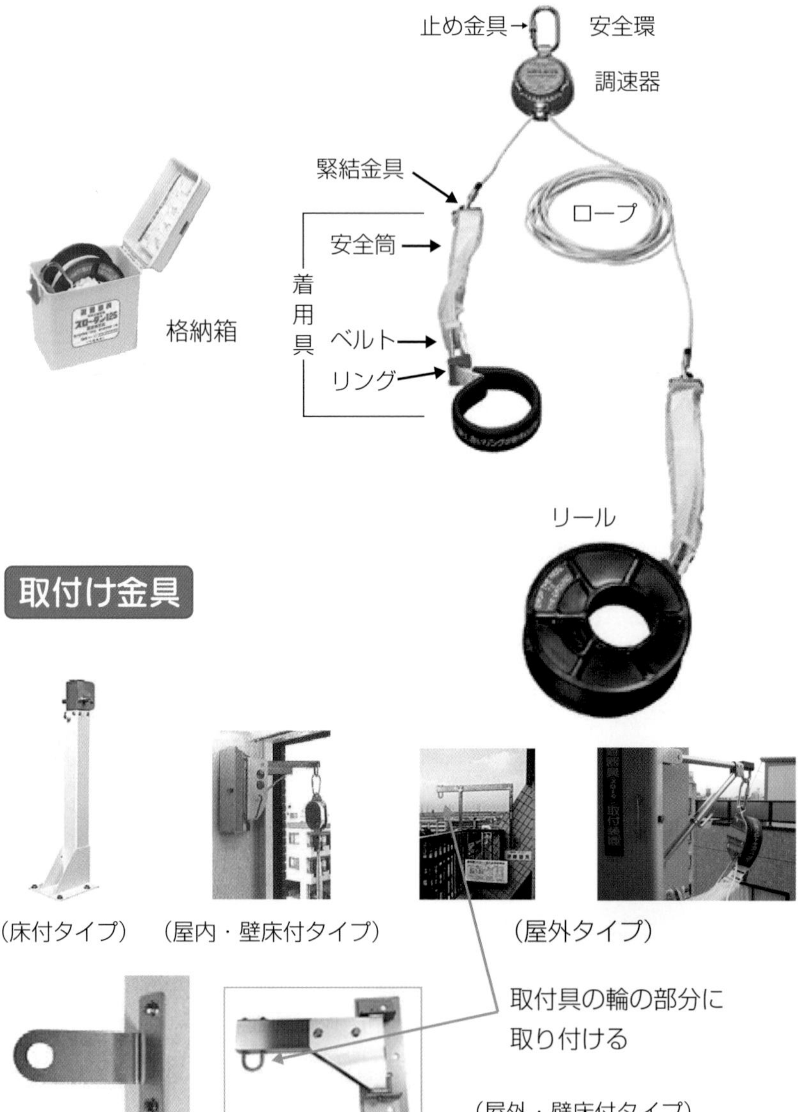

救　助　袋

斜　降　式　（しゃこうしき）

□斜めに展張する方式の救助袋

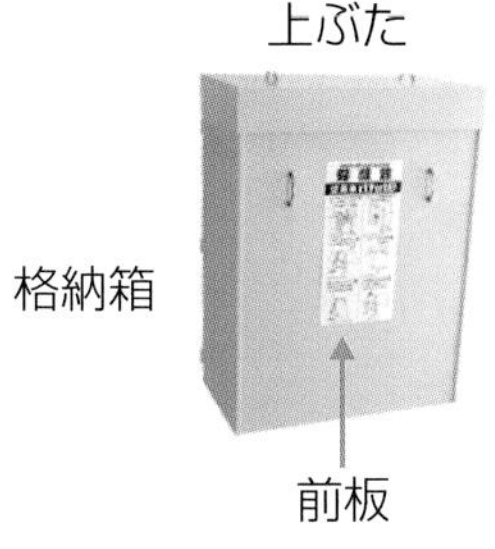

救助袋入口部分
（展張操作後の状態）

斜降式　出口部分

垂　直　式（すいちょくしき）

□垂直に展張する方式の救助袋

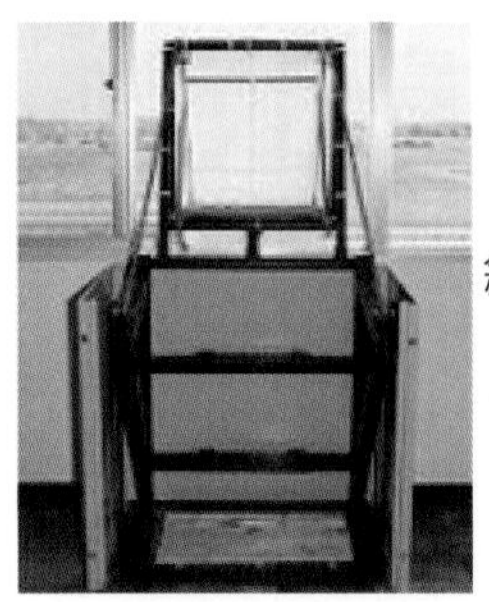

入り口部分は
斜降式と同じ構造

展張時の状態

垂直式　出口部分

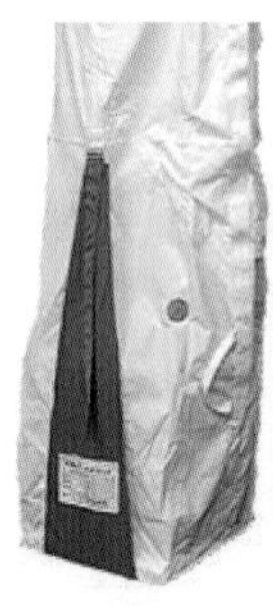

ハ ッ チ 式（避難ハッチに収納する救助袋）

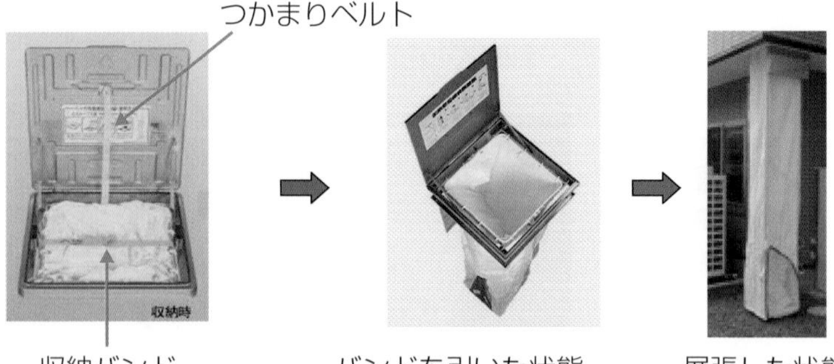

収納バンド　　バンドを引いた状態　　展張した状態

その他の避難器具

すべり台

（病院・福祉施設等で多く用いられる）

避　難　橋

（建物と建物，建物と他の場所との間に架け渡して避難に用いる）

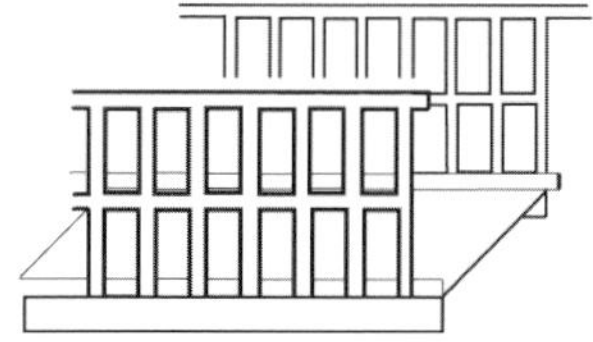

避難用タラップ

（地下と地上，建物の外壁などに沿って設けられる鉄製階段）

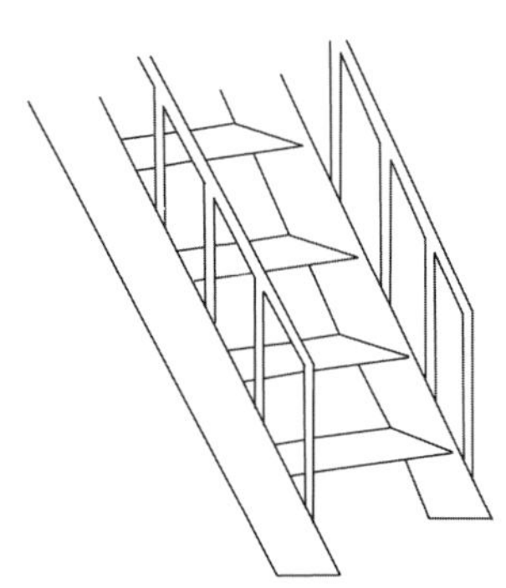

避難はしご

＜繊維製 避難はしご＞

（金属製以外）

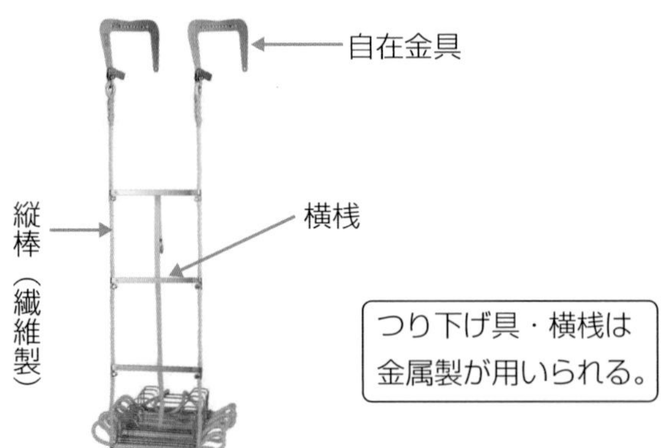

避難ロープ

避難ロープ

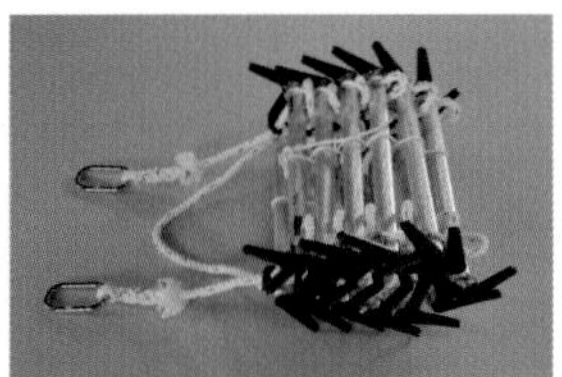

はしご型避難ロープ

その他避難用機器類

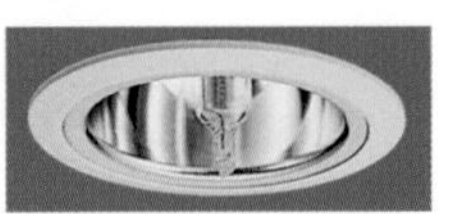

非常用照明

誘導表示

誘導灯

（写真・図等は一部を例示したもので，形状などが異なるものがあります。）

よくわかる!

第5類 消防設備士試験

近藤重昭 編著

筆記試験+実技試験

◯攻略ポイント・練習問題を徹底解説!

◯図解と写真でよくわかる!

◯これ一冊で合格できる!

弘文社

協力会社（写真提供等）

（50音順）

オリロー（株）
（株）関東消防機材
（株）水本機械製作所
（株）消防科学研究所
（株）タカオカ
（株）都筑建築工房
（株）富士産業
（株）吉川鉄工所
サンコー（株）
城田鉄工（株）
トーヨー消火器工業（株）
ナカ工業（株）
パナソニック（株）エコソリューションズ社

まえがき

第５類の消防用設備類として「避難器具」があります。火災などの非常時は，多数の人が安全に避難できる階段が一般的に使用されますが，火災の炎や煙などのために階段が使用できなくなった場合に，緊急の脱出用器具として「避難器具」が使用されます。

このように用いられる避難器具は，使用の際に安全・確実かつ迅速に使用できるように維持管理を行う必要があります。

この重要な維持管理を「第５類消防設備士」が担うことになります。

避難器具は建物の規模の大小とは関係なく，避難者の安全を第一に設置される重要な設備であることから，ますます第５類消防設備士の活躍の場が広がって来ています。

本書は，第５類消防設備士の資格を取得しようとする方のために，過去の概念にとらわれずに，新しい発想と工夫による学習効率の向上を図っております。また，解説はできる限り解りやすい言葉で行いながら，読者の負担の軽減と学習の効率化に配慮しています。

たとえば，本書には「カラー頁」が用意されています。これは第５類消防設備の実態を知っていただくことの他に，大きな役割があります。

まず，カラー頁で第５類の設備・器具類の全体を眺めていただきます。この何でもない行為ですが，全体の輪郭を知ることにより知識の整理が効率よく行えるようになり，学習効率が一段と上がります。

次に初めての方，予備知識の少ない方のために「攻略ポイント」を用意してあります。 本書は攻略ポイント＋練習問題の形式をとっています。攻略ポイントだけでも十分な知識が身につきますので，安心して本書を活用ください。

本書を活用された方全員が合格され，第５類消防設備士として活躍されるであろうことを確信いたしております。

著者識

受 験 案 内

建築物等に設置が義務付けられている消防用設備等又は特殊消防用設備等の工事・整備を行うには**消防設備士の資格**が必要となります。

消防設備士の資格には**甲種**と**乙種**があり，甲種消防設備士試験の合格者には**甲種消防設備士免状**が，乙種消防設備士試験の合格者には**乙種消防設備士免状**が，試験を実施した**都道府県知事**から**交付**されます。

甲種は，特類及び第１類～第５類，乙種は，第１類～第７類に区分されており，**免状の種類と取り扱いできる設備類**は下表のようになっています。

［免状の種類］

区分	取り扱うことができる設備	甲種	乙種
特類	特殊消防用設備等　※1	○	—
第１類	屋内消火栓設備，スプリンクラー設備，水噴霧消火設備，屋外消火栓設備，パッケージ型消火設備，パッケージ型自動消火設備，共同住宅用スプリンクラー設備	○	○
第２類	泡消火設備，パッケージ型消火設備，パッケージ型自動消火設備，特定駐車場用泡消火設備	○	○
第３類	不活性ガス消火設備，ハロゲン化物消火設備，粉末消火設備，パッケージ型消火設備，パッケージ型自動消火設備	○	○
第４類	自動火災報知設備，ガス漏れ火災警報設備，消防機関へ通報する火災報知設備，共同住宅用自動火災報知設備，住戸用自動火災報知設備，特定小規模施設用自動火災報知設備，複合型居住施設用自動火災報知設備	○	○
第５類	金属製避難はしご，救助袋，緩降機	○	○
第６類	消火器	—	○
第７類	漏電火災警報器	—	○

※1 総務大臣が，従来の当該消防用設備等と同等以上の性能があると認定した設備等

消防設備士試験の問合せ先

消防設備士試験の日程・受験資格・手続き方法など，試験に関する詳細は次のホームページで確認し，不明な点は下記にお問い合わせください。

（ホームページ）　http://www.shoubo-shiken.or.jp

◇（一財）消防試験研究センター　中央試験センター

〒151-0072　東京都渋谷区幡ヶ谷1-13-20

TEL　03-3460-7798　FAX　03-3460-7799

◇（一財）消防試験研究センター　各都道府県支部

目　次

第2編　構造・機能・規格

解いてみよう‼よく出る問題

ここが攻略ポイントだ!!

解いてみよう‼よく出る問題

ここが攻略ポイントだ!!

解いてみよう‼よく出る問題

第3編-1　消防関係法令 ― 共通

ここが攻略ポイントだ!!

解いてみよう‼ よく出る問題

第1編

機械に関する基礎知識

ここが攻略ポイントだ！！

1. 荷　重

荷重とは，**外部から力が加わること**をいい，荷重の働く方向，荷重の働く状態による分類があります。

(1) 荷重の働く方向による分類

①引張荷重　：　引き伸ばす力が働く荷重
②圧縮荷重　：　圧縮する力が働く荷重
③せん断荷重　：　はさみ切る力が働く荷重
④曲げ荷重　：　曲げようとする力が働く荷重
⑤ねじり荷重　：　ねじろうとする力が働く荷重

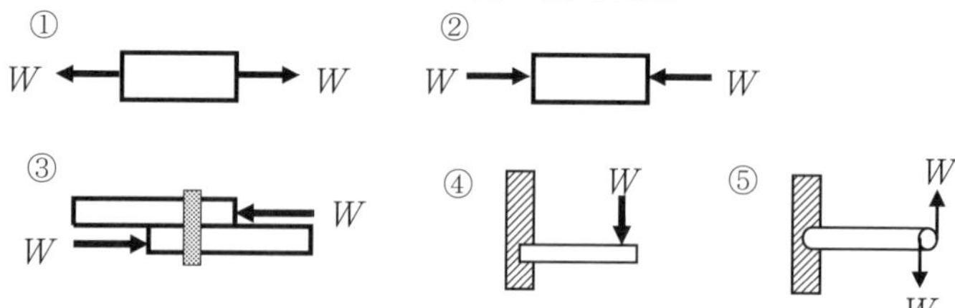

(2) 荷重の働く状態による分類

力の大きさや方向が時間に関係なく一定の荷重を**静荷重**といい，力の大きさや方向が時間により変化する荷重を**動荷重**といいます。

静荷重	・集中荷重：一点に集中してかかる荷重 ・分布荷重：全体又は一部の範囲にかかる荷重
動荷重	・繰返し荷重：同じ方向の力を周期的に繰り返す荷重 ・衝撃荷重：急激にかかる荷重 ・移動荷重：かかる力が移動する荷重 ・交番荷重：力の方向が繰り返し変わる荷重

〈集中荷重の例〉　〈分布荷重の例〉

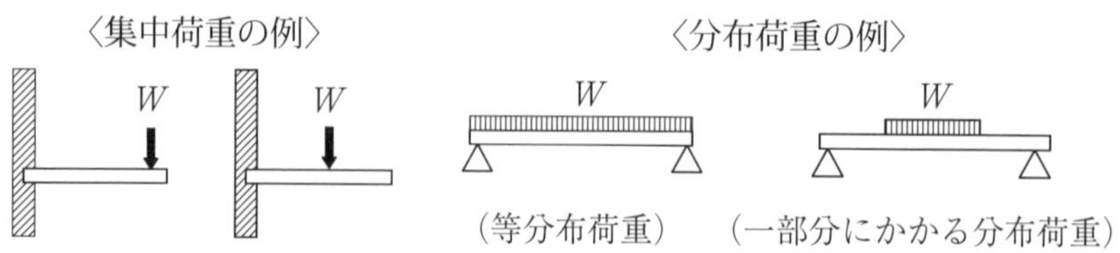

（等分布荷重）　（一部分にかかる分布荷重）

2．はりと荷重

はり（梁）は，建築物や構造物などにおいて**上部からの荷重を支える**ために，柱と柱の間に架け渡される**水平部材**をいいます。

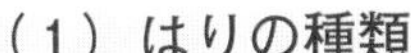

（1）はりの種類

（ ▭：はり　△：支点　W：荷重 ）

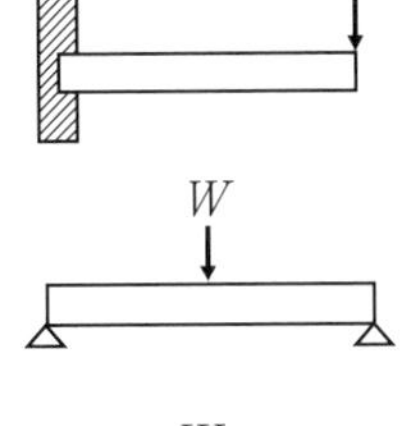

片持（かたもち）**ばり**〔一端を固定したはり〕

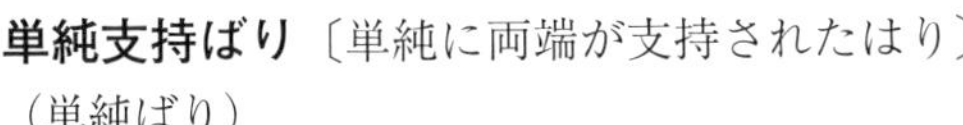

単純支持ばり〔単純に両端が支持されたはり〕
（単純ばり）

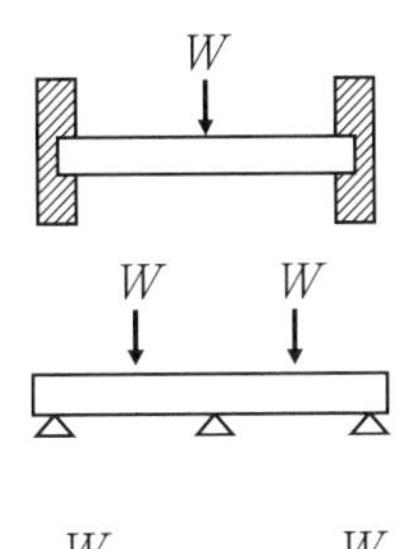

固定ばり〔両端を固定したはり〕

連続ばり〔3個以上の支点で支えたはり〕

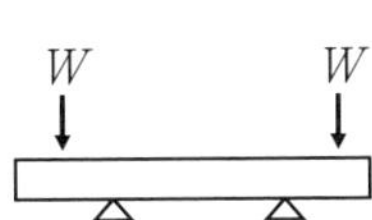

張出（はりだし）**ばり**〔支点の外側に荷重がかかるはり〕

（2）はりの撓（たわ）み

はりに大きな**力が加わる**とはりは変形して「**たわみ**」が発生します。

たわみ量（大きさ）は，荷重の大きさ・種類，荷重と支点の距離，はりの形状などにより異なります。

荷重の位置と支点の距離が短いものほど力の作用が小さくなるので，**支点の多いはり**，**固定されたはり**の「たわみ」は**小さく**なります。

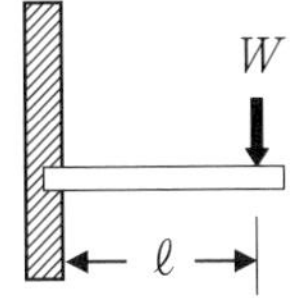

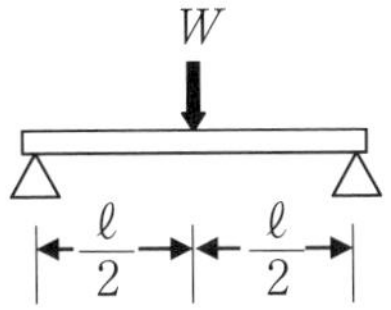

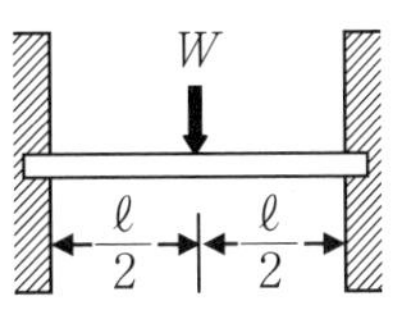

3．応力（おうりょく）

物体等に**荷重**（外力）をかけると，荷重に抵抗して形状を保とうとする**抵抗力**が**物体の内部**に生じます。この抵抗力（内力）を**応力**といいます。

応力と荷重は，次のような関係にあります。

① 応力は，**荷重と同じ大きさ**である。

② 応力は，**荷重と正反対の向き**である。

③ 応力は，荷重がかかると**物体の内部**に生じる**抵抗力**である。

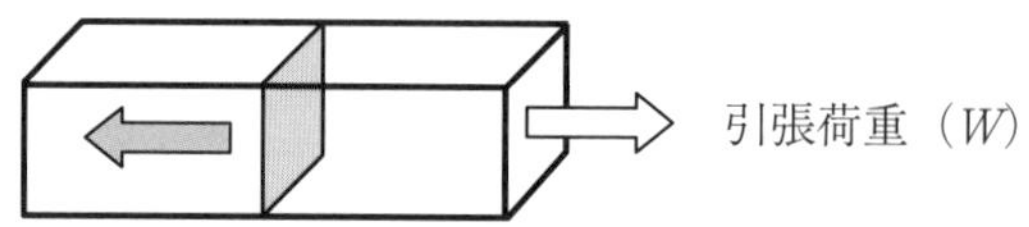

※物体の強度を超えた大きな荷重がかかると，物体は変形又は破壊されます。

応力には，荷重の種類に対応した引張応力，圧縮応力，せん断応力，曲げ応力，ねじり応力があります。また，引張応力・圧縮応力は，物体の断面に垂直に働くことから**垂直応力**ともいいます。

（1）応力の求め方

応力の大きさ（応力度）は，物体の単位面積（mm^2，m^2）あたりの力で表します。

次の算式で求めます。

$$\text{応力（応力度）} = \frac{W\ \text{（荷重）(N)}}{A\ \text{（断面積）}(mm^2)} \quad 〔N/mm^2〕（= MPa）$$

荷重など「力」の単位にはN（ニュートン）を用い，断面積にはmm^2又はm^2を用います。従って，応力の単位は〔N/mm^2〕又は〔N/m^2〕となります。

応力は，圧力と同じ**単位面積あたりの力**であることから，圧力と同じ単位のPa（パスカル）も用いられます。

1〔N/mm²〕＝1 MPa（メガパスカル），　1〔N/m^2〕＝1 Pa

【参考】1 N＝0.102 kgf　　9.8 N＝1 kgf

実践問題を解いてみよう！

【例題】 下図のように直径2 cm の丸棒で2 kN の重さの物体 *W* を吊り下げている。丸棒に生じる応力は次のうちどれか。

(1) 1.0〔N/mm^2〕

(2) 4.5〔N/mm^2〕

(3) 6.3〔N/mm^2〕

(4) 8.7〔N/mm^2〕

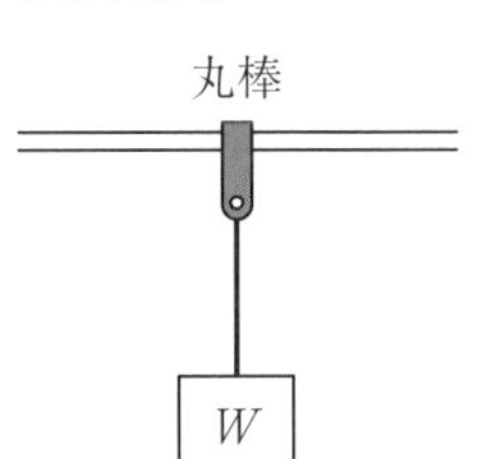

解き方と解説

応力は，「**荷重**」÷「**物体の断面積**」で算出します。

例題の選択肢の単位が〔N/mm^2〕であるので，荷重は〔N〕に，断面積は〔mm〕に単位を合わせます。

▶ 荷重（*W*）は，2 kN（キロニュートン）＝ **2000 N**

▶ 丸棒の断面積（A）は，3.14×10 mm ×10 mm ＝ **314 mm^2**

（丸棒など**円の断面積**は，πr^2＝ **3.14×半径×半径**）

▶ 丸棒は**直径2 cm** なので，半径は1 cm ＝10 mm になります。

したがって

$$\text{応力} = \frac{2000\,(\mathrm{N})}{314\,(\mathrm{mm^2})} \fallingdotseq 6.37\,〔\mathrm{N/mm^2}〕$$

解答 (3)

- 計算問題は，単位をそろえることに注意してください！
- **引張応力・圧縮応力・せん断応力**は上記の方法で算出します。
- 「曲げ応力」は［曲げモーメント÷ 断面係数］，「ねじり応力」は［トルク÷ 極断面係数］という別途の方法で算出します。（力のモーメント参照）

※問題文の単位が計算のヒントとなるので，単位を大事にしましょう！

[例]〔N/mm^2〕…単位に〔 / 〕があるときは，**割り算**です。
即ち，〔荷重÷断面積〕で求めるということです。

〔N・m〕 …単位に〔 ・ 〕があるときは，**掛け算**です。
〔力×距離〕で求めるということです。

4．ひずみ

物体に荷重が加わると，物体の内部に応力が生じて外形的に変形が現れます。この変形した割合を「**ひずみ**」又は「ひずみ度」といいます。

ひずみには，縦ひずみ，横ひずみ，せん断ひずみがあります。

① **縦ひずみ**…ε（エプシロン）で表します。

物体の軸方向に荷重が加わって生じる変形量と元の長さの比を「縦ひずみ」といいます。

元の長さをL_1，変形後の長さをL_2とすると，次式となります。

$$\text{ひずみ}(\varepsilon) = \frac{L_2 - L_1(\text{m})}{L_1\ (\text{m})} \quad \begin{matrix}\leftarrow\text{変形分の長さ}\\ \leftarrow\text{元の長さ}\end{matrix}$$

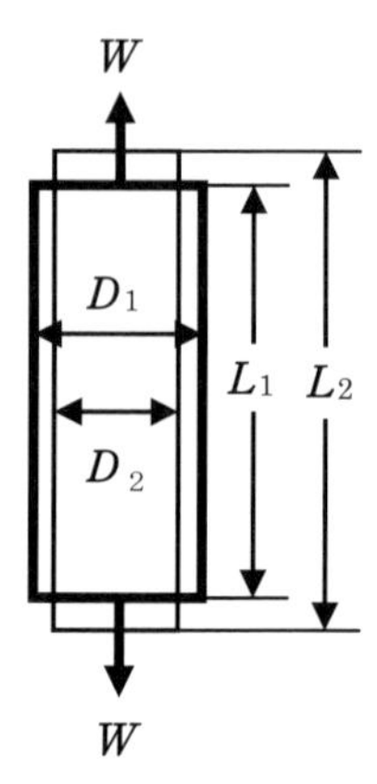

② **横ひずみ**

縦ひずみの軸方向と直角に生じる変形量を「横ひずみ」といいます。

長さが伸びると太さが細くなる現象です。

元の長さをD_1，変形後をD_2とします。

$$\text{ひずみ}(\varepsilon') = \frac{D_2 - D_1}{D_1} \quad \begin{matrix}\leftarrow\text{変形分の長さ}\\ \leftarrow\text{元の太さ・幅}\end{matrix}$$

③ **せん断ひずみ**…λ（ラムダ）で表します。

物体の角を押すとズレて変形します。この単位長さのズレの量を「せん断ひずみ」といい，角度の変化と考えることもできます。

右図は，高さLの物体に荷重Wを加えた時に，δ（デルタ）の長さがずれてθ（シータ）の角度に変形した例です。次式で算出します。

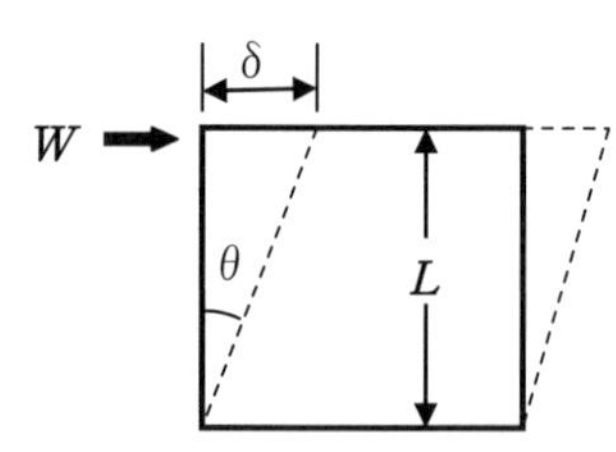

$$\text{ひずみ}(\gamma) = \frac{\delta}{L} \qquad (= \tan\theta)$$

【まとめ】 ひずみは，種類にかかわらず［変形量÷元の量］で，算出することができます。

実践問題を解いてみよう！

【例題】　長さ80 cm の鋼棒に引張荷重をかけたところ，84 cm になった。このときのひずみ度は次のうちのどれか。

(1)　0.05　　(2)　0.50　　(3)　0.95　　(4)　1.50

解き方と解説

- **ひずみ度**は，一般的に**ひずみ**と呼ばれているものです。
- 縦ひずみ（ε）は，［**変形した分の長さ÷元の長さ**］で算出します。
- ひずみには，単位が付きません。

$$\text{ひずみ}\ (\varepsilon) = \frac{84-80\ (\text{cm})}{80\ \ (\text{cm})} = 0.05$$

解答(1)

【ひずみと弾性（だんせい）・弾性限度】

ある**限られた範囲の荷重**であれば，物体に加えた荷重を取去ると応力とひずみは消えて**元の状態**に戻ります。この性質を**弾性**といいます。

［例］**ゴム**や**スプリング**などに力を加えると「伸びる」「縮む」等の変形が起こるが，力を除くと元に戻る性質

物体や材料に加える**荷重が一定の限度を超える**と，荷重を取去っても**ひずみの一部は残り**，元の状態に戻らなくなります。この残るひずみを**永久ひずみ**といい，永久ひずみは消えることは有りません。

以上のことから，物体や材料の弾性の限界を**弾性限度**といいます。

5. 応力とひずみ

応力に伴って**ひずみ**が発生することから，応力とひずみは密接な関係があることが分かります。

下図は，材料の引張試験の際の**応力とひずみの関係**を表しています。

各ポイントの内容は把握して下さい。

応力―ひずみの関係線図

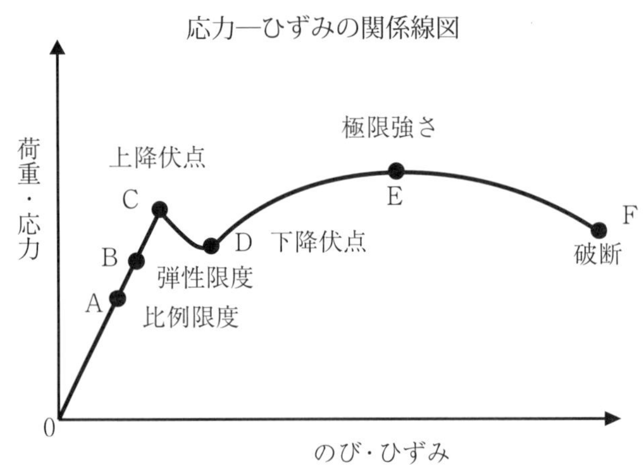

◆関係線図の説明

- 0～A：**比例限度**…ここまでは，**荷重**(応力)の大きさと**ひずみ**は**比例**して変化します。比例限度は，比例して変化する限界です。
- B：**弾性限度**…ここまでなら，荷重を取去ると応力とひずみは消えて元の状態に戻ります。元に戻る限界点です。
- B～：Bを超えると，荷重を取去っても「ひずみ」の一部は「永久ひずみ」となり，元の状態に戻らなくなります。
- C～D：荷重が増加しないにもかかわらず，「ひずみ」が著しく増加します。
- D～E：荷重の増加する割合よりも「ひずみ」の増加が大きくなります。
- E：**極限強さ**…材料の強さの限界です。材料に対する最大荷重・最大応力の位置で，最大引張り強さの位置でもあります。
- E～F：ひずみが著しく増加し，材料は極端に細くなります。
- F：**破断点**…材料が破壊します。

◆用語の説明

【フックの法則】:「比例限度内では，ひずみは応力に比例して変化する」という法則（比例限度内とは，図0～A の部分）

【クリープ】: 荷重が一定にもかかわらず，時間経過とともに連続的にひずみが増加する現象をいいます。（図 C～D の部分）

【安 全 率】: 荷重（応力）に対する材料の安全の度合いを表したもので，次式により求めます。

$$\text{安全率}=\frac{\text{破壊応力}\ (\mathrm{N/mm^2})}{\text{許容応力}\ (\mathrm{N/mm^2})}$$

▶ **破壊応力**：材料の最大応力，極限強さ，引張強さのこと。

▶ **許容応力**：使用上，安全とされる最大の応力のこと。

※安全率の数値が大きいほど，安全といえます。

【ポアソン比】:「弾性限度内では，垂直応力による縦ひずみと横ひずみの比は一定である」という理論です。

ポアソン比 ＝ 横ひずみ÷縦ひずみ（一定）

【ヤング率】: 縦弾性係数のことで，比例限度内での「ひずみ」と「応力」の関係を表す数値です。強度の判断材料となります。

ヤング率 ＝ 応力÷ひずみ〔$\mathrm{N/mm^2}$〕

【疲れ破壊】: 材料に**繰返し荷重がかかる場合**等において，材料の疲れにより**静荷重の場合よりも小さな荷重で破壊する**ことを「疲れ破壊」又は「疲労破壊」といいます。

実践問題を解いてみよう！

【例題】 引張り強さが600 $\mathrm{N/mm^2}$の部材を使用するときの許容応力を200 $\mathrm{N/mm^2}$とした。この場合の安全率を求めよ。

解き方と解説

安全率を求める算式に数値を代入します。

$$\text{安全率}=\frac{\text{破壊応力}}{\text{許容応力}} \Longrightarrow \text{安全率}=\frac{600}{200}$$

∴ 安全率は 3 となります。

6．力（ちから）

（1）力の三要素

力の三要素とは，「**力の大きさ**」・「**力の方向**」・「**力の作用点**」をいいます。

① **力の大きさ**…作用線の長さで大きさを表します。

② **力の向き**……作用線の向きで表します。

③ **力の作用点**…力が作用する位置をいいます。

※作用線：作用点から力の作用する方向へ引いた線をいいます。

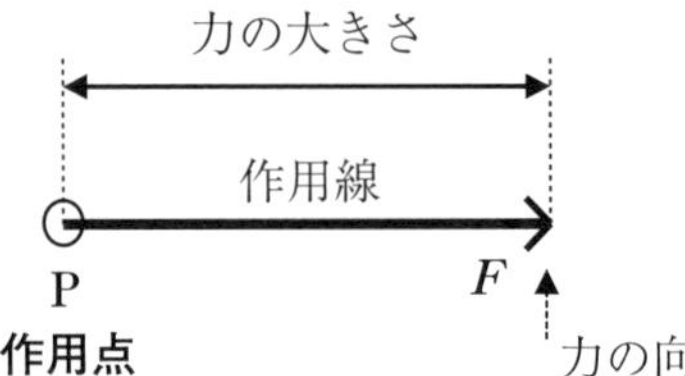

（2）力の合成と分解

物体に**2以上の力が作用**するとき，同じ効果の**1つの力で表す**ことができます。これを**力の合成**といい，合成した力を**合力**と呼びます。

また，物体に働く**1つの力**を同じ効果の**いくつかの力に分ける**こともできます。これを**力の分解**といい，分解した力を**分力**と呼びます。

◆<力の合成>のしかた

下図のように2つの**力 F_1・F_2**を合成する場合は，**F_1・F_2を2辺とする平行四辺形**をつくると，その**平行四辺形の対角線 F** が2つの力の**合力**となります。

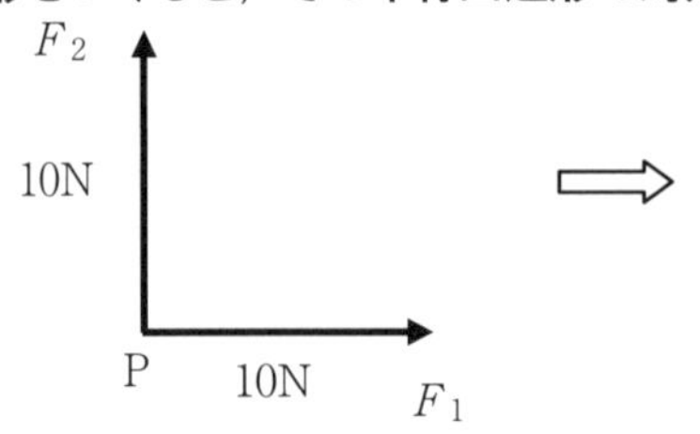

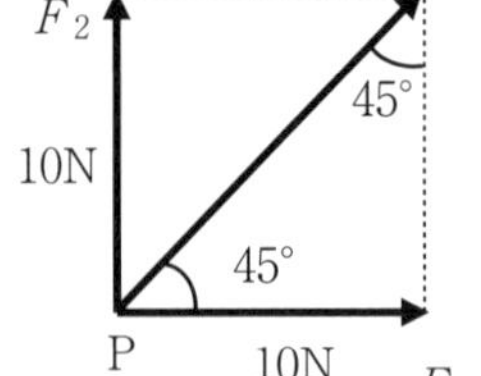

◆平行四辺形のつくり方

① 力 F_1の先端から F_2と平行に線を引く。

② F_2の先端から F_1と平行に線を引く。

上記①②で引いた線の交点を F とすると，

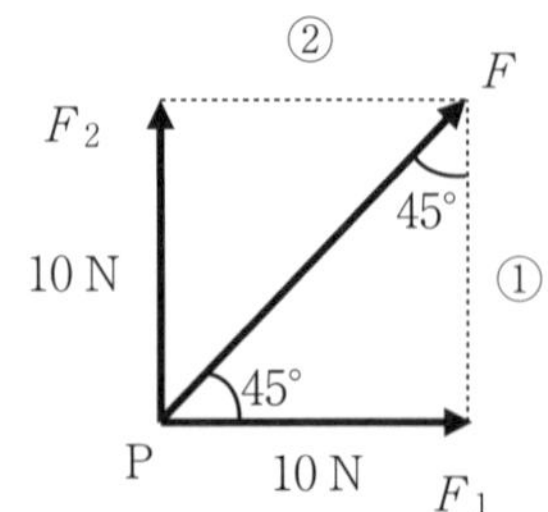

平行四辺形（P → F_1 → F → F_2 → P）ができます。**対角線** F（P → F）が**合力**となります。

［例］

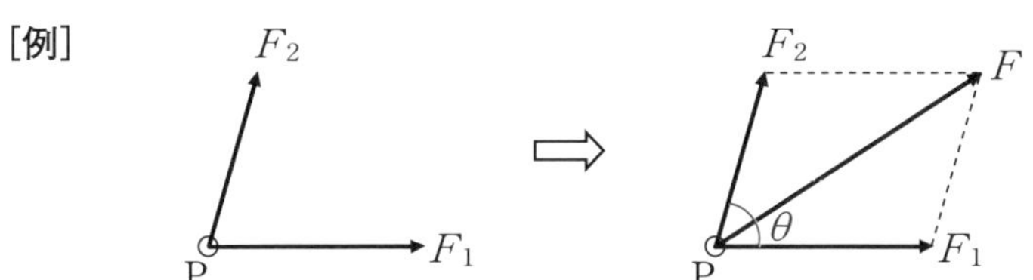

力の**平行四辺形**は，合力である**対角線を一辺とする 2 つの三角形**からできており，その**三角形**から**力の大きさ**を求めることができます。

合力の大きさは，**直角三角形**の場合は**ピタゴラスの定理**（三平方の定理）算式 $F^2 = (F_1)^2 + (F_2)^2$ により算出することができ，**直角以外の三角形**は $F = \sqrt{(F_1)^2 + (F_2)^2 + 2F_1 \times F_2 \times \cos\theta}$ により算出することができます。

◆<力の分解>のしかた

下図は，**力**［F］を対角線とする平行四辺形をつくり，F_1・F_2の 2 つの力に分解した例で，分解したそれぞれの力を**分力**といいます。

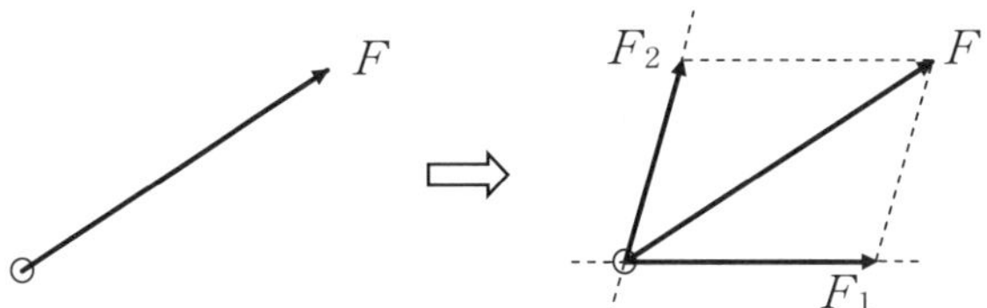

直角三角形の分力は，$F_1 = F\cos\theta$，$F_2 = F\sin\theta$ により算出することができます。

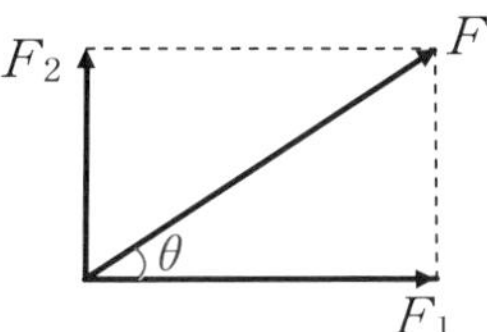

※ 力や加速度などのように**大きさ**と**方向性**をもつ量のことを**ベクトル量**といい，質量・長さ・面積などのように，単に**大きさだけで決まる量**のことを**スカラ量**といいます。

7．力と三角形

力の**平行四辺形**における**三角形**の**辺の長さ**と**角度**は，**力の大きさ**と**方向**に対応しており，三角形の辺の長さが分れば，力の大きさを知ることができます。

（１）三角形の「辺の長さの比」から「他の辺の長さ」を求める方法

三角形は角度が同じであれば，各辺の長さの割合は定まっており，これを基に，**合力や分力の大きさを求める**ことができます。

［例］下図のように，30° 又は 60° の角度をもつ直角三角形の辺 AB：BC：AC の長さは **2 ： 1 ： $\sqrt{3}$** の割合となっています。

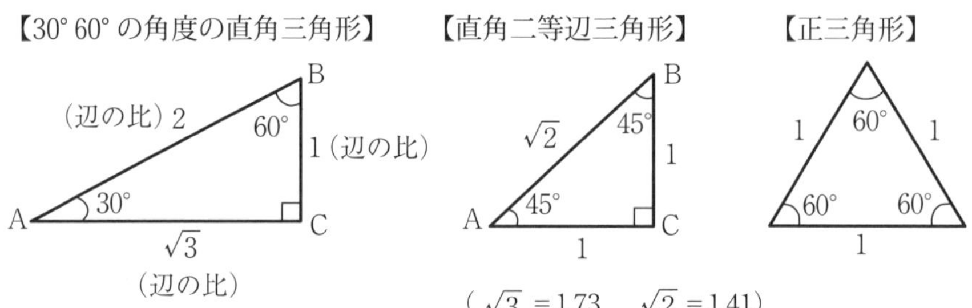

（$\sqrt{3}$ ＝1.73　$\sqrt{2}$ ＝1.41）

上図は活用範囲の広い三角形です。知っておくととても便利です！

実践問題を解いてみよう！

【例題】　下図の直角三角形における AB の力の大きさが10 N であるとしたとき，BC の力の大きさをこたえよ。

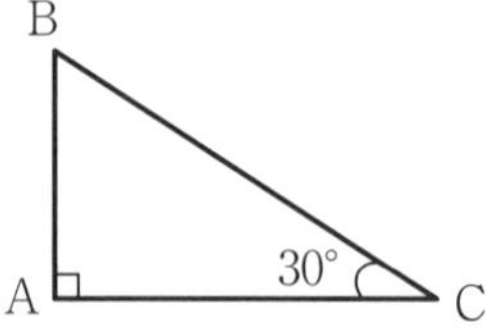

解き方と解説

この三角形の辺の長さの比は AB：BC：AC ＝ 1 ： 2 ：$\sqrt{3}$ です。

辺の比から AB：BC ＝ 1 ： 2　1 ： 2 ＝ 10 N：xN

したがって，x ＝ 20 N となり，BC は20 N になります。

（2）三角形の「一辺と角度」から「他の辺の長さ」を求める方法

辺と**角度**の関係は，sin（サイン），cos（コサイン），tan（タンジェント）で表わします。それぞれ**比較する辺**と**角度**を具体的に示しています。

sin 30°cos 60° 等は，比較する辺に対応する角度を示しています。

sin は，S の筆記体⊿（図の赤で示した⊿）に**相当する辺を比較**します。

筆順方向で比較し，斜辺が**分母**となります。

角度は⊿字の書き出し箇所の**角度**をいいます。

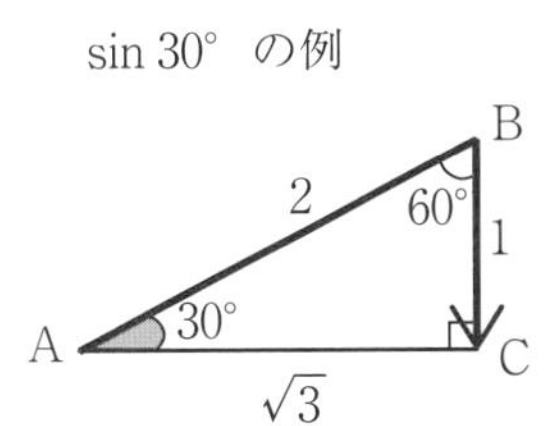

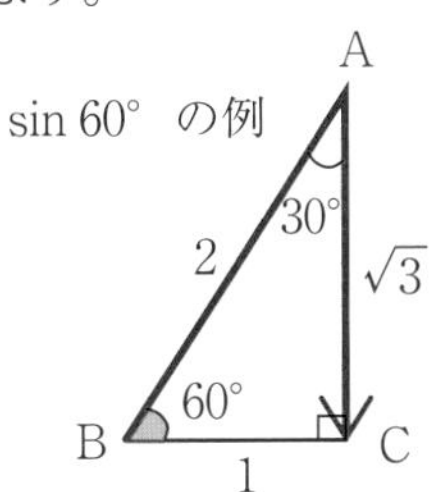

・**sin 30°** は，辺 AB と BC との**比較**となります。

$$\sin 30^\circ = \frac{BC}{AB} \Longrightarrow \frac{BC}{AB} = \frac{1\ (\text{辺の比})}{2\ (\text{辺の比})} = 0.5$$

したがって，**sin 30° ＝ 0.5** の値となります。

cos は，筆記体のC（図の赤で示したC）に**相当する辺を比較**します。

筆順方向で比較し，C で囲む**角度**をいいます。

・**cos 30°** は，辺 BA と AC との**比較**となります。

$$\cos 30^\circ = \frac{AC}{AB} = \frac{\sqrt{3}}{2} = 0.86$$

$$\therefore \quad \cos 30^\circ = 0.86$$

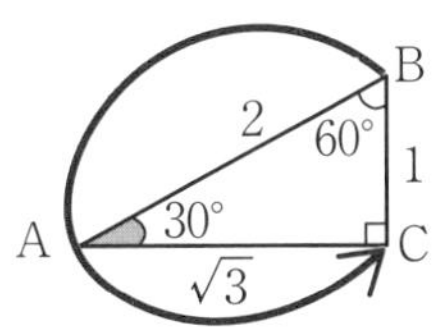

tan は，筆記体のt（図の赤で示したt）に相当する辺を比較します。

筆順方向で比較し，角度は書出しの**角度**をいいます。

$$\tan 30^\circ = \frac{BC}{AC} = \frac{1}{\sqrt{3}} = 0.577$$

$$\therefore \quad \tan 30^\circ = 0.577$$

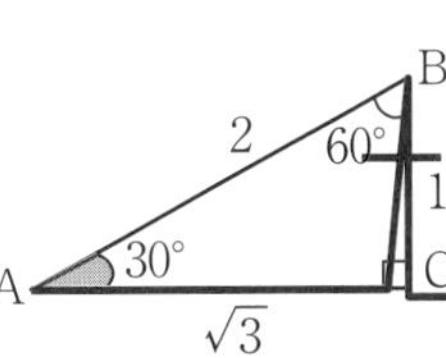

※ sin 30° ＝ 0.5　sin 60° ＝ 0.86等の数値を三角関数といいます。
「三角関数表」により様々な角度に対する数値を知ることができます。

8．力のモーメント

物体の**軸を中心**に**回転させようとする力の働き**を「**力のモーメント**」といいます。

モーメント（M）は，［**力の大きさ**］×［**軸から力までの距離**］で求めます。モーメントの単位は〔**N・m**〕を用います。

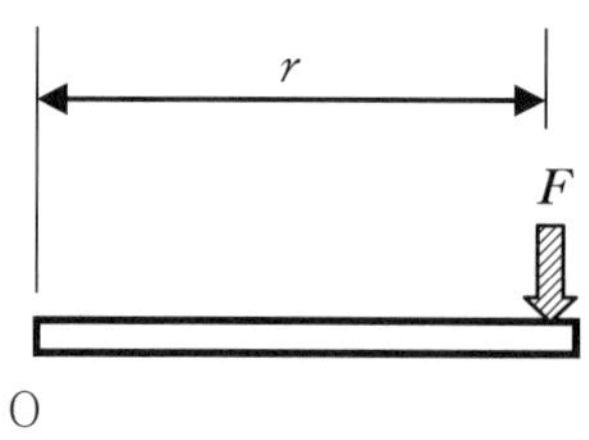

$$M = F \cdot r \quad 〔\mathrm{N \cdot m}〕$$

M：モーメント〔N・m〕
F：力の大きさ〔N〕
r：軸から力までの距離〔m〕

単位には，**モーメント**と同じ概念の**トルク**も用いられます。

トルクは電動機・ボルト等のように，回転軸を中心に回転させようとする力の働きをいいます。「ねじりモーメント」ともいいます。

実践問題を解いてみよう！

【例題】　下図に示すスパナを用いてボルトの中心から40 cm の位置に3 N の力を加えた場合のモーメントは次のどれか。

(1)　1.20〔N・m〕
(2)　1.33〔N・m〕
(3)　13.3〔N・m〕
(4)　120　〔N・m〕

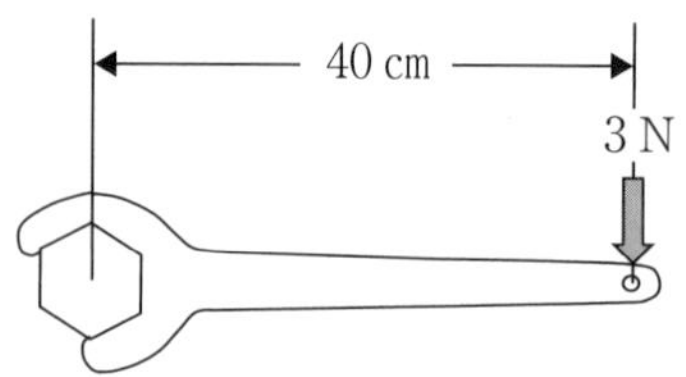

解き方と解説

選択肢の単位が〔N・m〕であるので，40 cm を0.4 m にしてから，モーメントの算式に数値を入れます。

$M = 3 \times 0.4$　　従って，$M = 1.2$となります。

解答(1)

9．力のつり合い

(1) 同じ向きで，平行な垂直力が働く場合

下図のように鋼材のA端にF_1，B端にF_2の力が働いてつり合っている場合の**合力・合力の方向・作用点**を求める方法を次に示します。

右図のように作用点の位置を**O**，作用点からA端までの距離をr_1，**作用点からB端までの距離を**r_2，合力をF，全長をrとします。

① **合力の方向**…F_1・F_2とも下向きなので，**下向き**となります。

② **合力の大きさ**…同じ向きなので，$F = F_1 + F_2$となります。

③ **作用点の位置**…作用点**O**を中心として$F_1 \times r_1 = F_2 \times r_2$のモーメントが**つり合う位置**となります。

作用点の算式　$r_1 = \dfrac{F_2}{F} \times r$　$r_2 = \dfrac{F_1}{F} \times r$

(2) 逆向きの平行な力が働く場合

力の向きが逆になるので，合力はF_1・F_2の差となります。

力は，下向きの力を正（＋），上向きの力を負（－）として計算します。

合力の大きさ…$F = F_1 - F_2$

作用点の位置…(1)と同じ算式を用いて算出します。

力の方向が反対で大きさが等しい平行の力は，合成することができず物体は回転します。このような力の組み合わせを「**偶力**」といいます。

実践問題を解いてみよう！

【例題】 吊り下げられた長さ1.5 m の丸棒の A 端に10 N（F_1）B 端に40 N（F_2）の力が丸棒と直角に働いている。この丸棒が水平を保つための作用点の位置，合力の大きさをもとめよ。

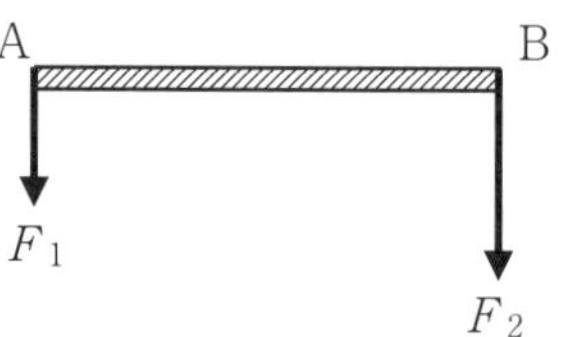

解き方と解説

下図のように作用点の位置を O，作用点から A 端までの距離を r_1，作用点から B 端までの距離を r_2，合力を F として算出します。

合力の大きさ… F_1 F_2 が同じ向きなので，$F = 10+40 = 50$ N となります。

作用点の位置…次式により求めます。

$$r_1 = \frac{40}{50} \times 1.5 = 1.2\,\mathrm{m}$$

$$r_2 = \frac{10}{50} \times 1.5 = 0.3\,\mathrm{m}$$

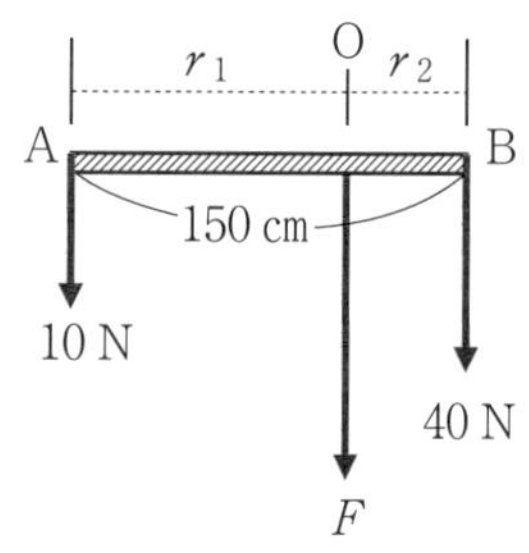

従って，作用点の位置は A 端から1.2 m の位置となります。又は，B 端から0.3 m の位置となります。

（3） 物体が「吊り下げられている」場合

力が**つり合う**には，次の要件があります。

① 力の**大きさが等しい。**

② 力の**向きは正反対**である。

③ 力が**同一作用線上にある**。

また，ある力とつり合う反対の力を**反力**といいます。

次の図のA・B方向の2力で吊り下げられている場合の**力の算出方法**は次のようになります。$\boldsymbol{W} = \boldsymbol{W'}$の関係にあります。

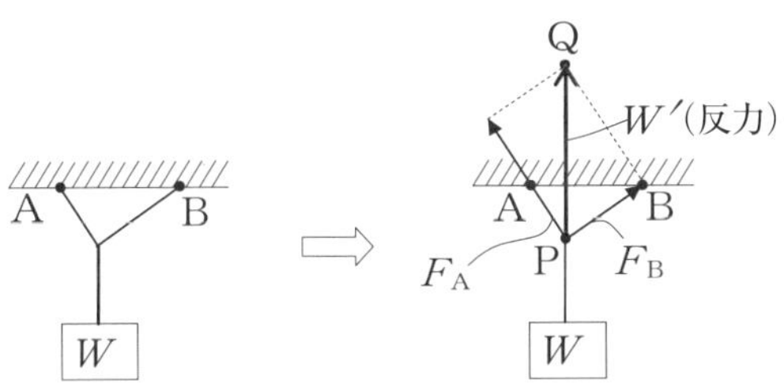

荷重「W」は，A方向とB方向に分解されているので，**W'を対角線とするA方向の力(F_A)，B方向の力(F_B)**による**平行四辺形**を作成し，それによりできる三角形より算出します。

①B点からP－Aに平行な線を対角線（反力）方向に引き，対角線との交点をQとします。QからB－Pと平行にP－Aの延長線上に向けて線を引くと力の平行四辺形ができます。

② 対角線P－Qにより2つの三角形ができるので，力と三角形の関係からそれぞれの力を算出することができます。

10. 仕事

（1）仕事・仕事量

仕事とは，物体に**力を加えて移動する**ことを**仕事**といいます。また，この時にした仕事の量を**仕事量**といいます。

仕事量（W）は，加える**力**をF（N），**移動量**をS（m）として求めます。

$$仕事量(W) = F \cdot S \quad 〔N \cdot m〕$$

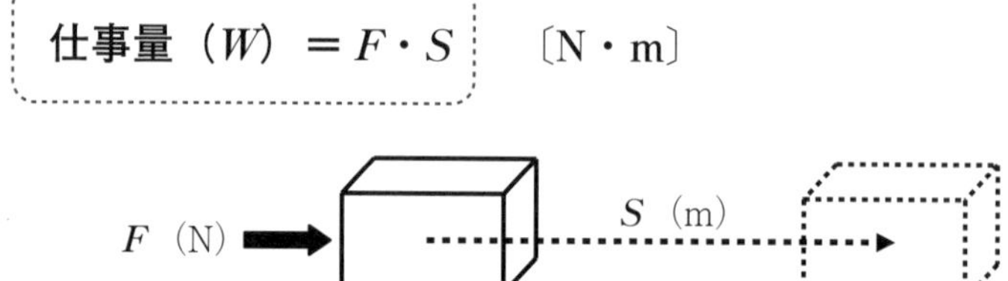

仕事の単位は〔N・m〕（ニュートンメートル）となります。

1 N・mは，物体を**1 Nの力**で**1 m動かす**仕事量をいいます。

1 N・mを**1 J**（ジュール）ともいい，仕事の単位に使われます。

1 kgf・m ＝ 9.8 N・m ＝9.8 J

（2）動力（仕事率）

単位時間（1秒）で行う仕事の割合のことを**動力**又は**仕事率**といいます。即ち，仕事量 W を時間 t で割ったものが動力となります。

$$動力(P) = \frac{W}{t} \quad \frac{(仕事量)}{(時\quad間)}$$

〔N・m/s〕，〔W〕
s：sec（秒）（ワット）

動力の単位は〔N・m/s〕，〔J/s〕又は〔W〕が使われます。

1 N・m/s ＝1 J/s ＝**1 W**（ワット）

※動力は〔W〕で表すことが一般的です。

【参考】…1馬力（PS）＝735 W です。
　　　　　動力は，［力×速度］で求めることもできます。

実践問題を解いてみよう！

【例題 1】 500 N の物体を，10秒間で5 m 引き上げた場合の動力を単位〔W〕でこたえよ。

解き方と解説

先ず仕事量を算出し，それに費やした時間で割れば動力となります。

▶**仕事量** ⇨ $(W) = 500 \times 5 = 2500$〔N・m〕

▶**動　力** ⇨ $(P) = \dfrac{2500\ (\text{仕事量})}{10\ (\text{時間・秒})} = 250$〔N・m/s〕

したがって，1〔N・m/s〕＝ 1 W であるから，**250 W** となります。

【例題 2】 重量100 kg の物体を20秒間で10 m の高さまで引き上げた。この場合の動力（仕事率）は，次のうちどれか。
ただし，重力加速度は9.8 m/s^{2}とする。

(1) 50 kg・m/s　　(2) 150 J/s
(3) 490 W　　(4) 20 kW

解き方と解説

重力により引かれる分も仕事量に加わるので，重力加速度も計算に入れて仕事量を算出します。

▶**仕事量** ⇨ $W = 100 \times 10 \times 9.8 = 9800$〔N・m〕

※ kgf・m ×9.8となるので，単位が〔N・m〕又は〔J〕と同じことになります。（仕事の単位参照）

▶**動　力** ⇨ $(P) = \dfrac{9800}{20} = 490$〔N・m/s〕又は〔J/s〕

〔N・m/s〕＝〔W〕であるので，正解は (3) となります。

解答 (3)

（3）仕事の原理

◆て　こ

重量物を動かしたり移動する際などに用いられます。釘抜きもこの原理を利用したものです。

重量物 $\boldsymbol{W}$ を動かす際に必要な力 $\boldsymbol{F}$ は，次式により求めます。

$$\boldsymbol{W \times r_1 = F \times r_2}$$

W は質量 W の物体，r_1・r_2 は支点からの距離を示しており，$\boldsymbol{F}$ から支点までの距離（r_2）が長いほど，小さな力で W を動かすことができます。

◆輪　軸

下図のように「大小の輪」を組み合わせたものを「輪軸」といいます。

輪軸は，重量物の「巻き上げ」や「つり上げ」などの際に使用されます。軸を中心に回転するので，軸の中心に支点があると考えれば「てこ」と同じ考え方ができます。

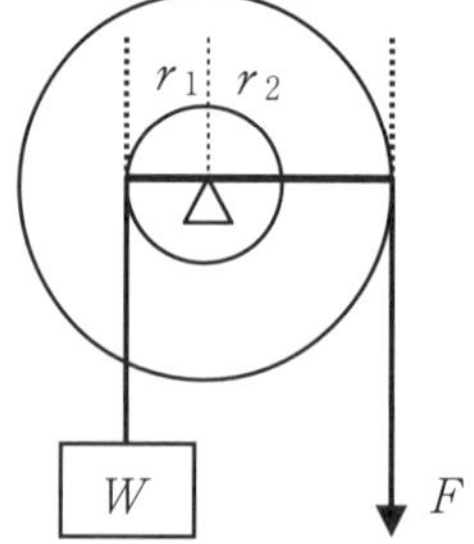

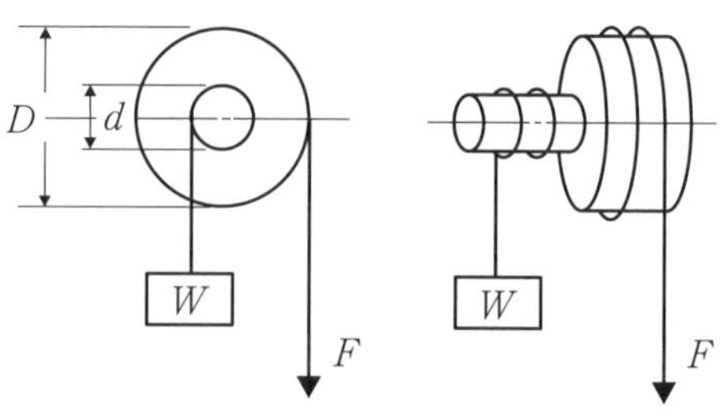

仕事の際に必要な力「$\boldsymbol{F}$」は，下記により求めることができます。

$$F \times \frac{D}{2} = W \times \frac{d}{2}$$

（大輪の半径）　（小輪の半径）

$$\frac{D}{2} = r_2 \quad \frac{d}{2} = r_1$$

◆滑　車

滑車を組合わせると，小さな力で重量物を移動させせることができます。

この原理を利用したものにクレーンなどがあります。

滑車には，固定されている**定滑車**とロープを引くと移動する**動滑車**があります。**定滑車**は**力の方向を変える働き**をし，**動滑車**は**力の大きさを変える**働きをします。

<動滑車のはたらき>

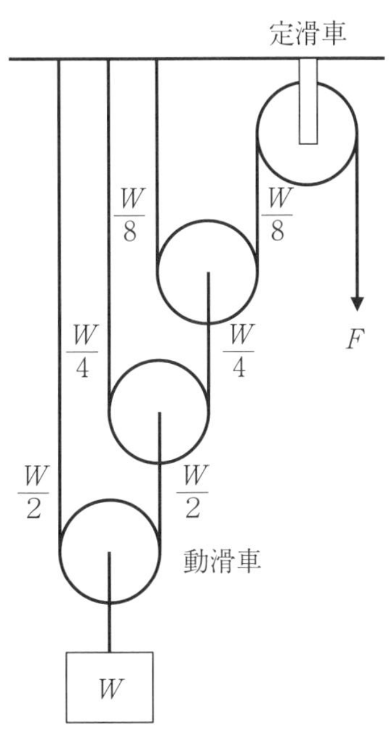

- 動滑車は 2 本のロープで重量物を引き上げるため，F 側に伝わる力は重量 W の半分となります。
- 動滑車を増やすごとに，重量の半分が軽減されます。

- 複数の動滑車を用いると，引く力は小さくなりますが，ロープを引く長さが長くなるために，仕事量には変わりがありません。

動滑車を複数用いたときの引く力「F」は，次式により算出します。

$$F = \frac{W}{2^n}$$

n：動滑車の数
　上の図の場合は 3 個なので，
　2^3で計算します。

11. 摩擦力

床等に接触している物体を動かそうとするとき，その外力に抵抗する力が接触面に働きます。この抵抗する力を「**摩擦力**」といいます。

静止物体を動かそうとするときに働く摩擦力を**静止摩擦力**といい，動いている物体に働く摩擦力を**動摩擦力**といいます。

摩擦力の大きさは，接触面にかかる**垂直圧力に比例**するため，**物体の質量に比例**することになります。接触面の大小は関係ありません。

静止している物体に力を加えて動かす場合，動き出す時が最も大きい力を必要とします。この時の摩擦力を「**最大摩擦力**」といいます。

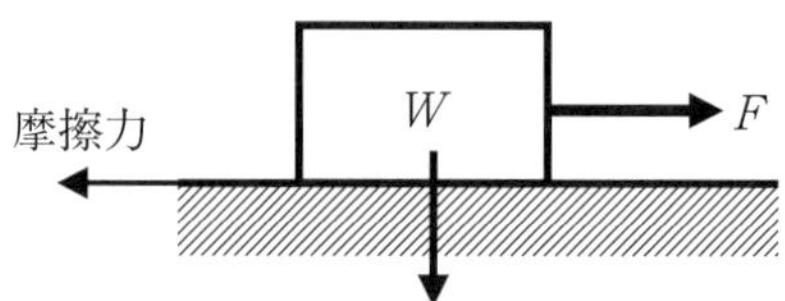

○最大摩擦力は，下記により算出します。

$$F = \mu \times W$$ 〔N〕

μ：摩擦係数（ミュー）
W：接触面にかかる圧力（荷重）

実践問題を解いてみよう！

【例題】 水平面に置かれた200 N の物体に80 N の力を加えたときに動き出した。摩擦係数として正しいものは次のどれか。

(1) 0.2　　(2) 0.4　　(3) 1.0　　(4) 2.0

解き方と解説

最大摩擦力（最大静止摩擦力）の算式に数値を代入します。

$80 = \mu \times 200$　　$\mu = 80 \div 200$　　$\mu = 0.4$

従って，摩擦係数は0.4となります。

解答 (2)

12. 運動

運動とは，物体が位置を変えることをいい，直線運動・曲線運動・回転運動などがあります。

運動量：質量（m）と速度（v）の積が運動量となります。

運動量〔mv〕＝ m・v

速　度：単位時間（1秒）に移動した距離の割合をいいます。

$$速度〔m/s〕 = \frac{変位〔m〕}{所要時間〔s〕}$$

加速度：時間に対して速度が変化していく割合をいいます。

$$加速度〔m/s^2〕 = \frac{v_2 - v}{t}$$

〔v の速度が，t 時間後に，v_2 になった場合〕

自由落下運動：力を加えることなく物が落下する運動をいいます。

$$\boldsymbol{v = v_0 + gt}$$

〔速度：v，初速：v_0，重力加速度：$g = 9.8\,m/s^2$，時間：t〕

【運動の法則】「ニュートンの運動の法則」ともいいます。

① 運動の第一法則（慣性の法則）
「物体に外力が加わらない限り，今までの状態を持続する」

② 運動の第二法則（運動方程式）
「物体に力を加えると，物体にはその力と同じ向きの加速度が生じ，その大きさは力の大きさに比例し，質量に反比例する」

③ 運動の第三法則（作用・反作用の法則）
「物体が他の物体に力を及ぼすと（作用），他の物体も等しい大きさの反対方向の力を及ぼす（反作用）」という法則

13. 機械材料

(1) 金属の一般的性質

金属には一般的に次のような性質があります。

① 電気及び熱の良導体である。
・電気伝導度の例：銀＞銅＞鉄

② 可鋳性，可鍛性がある。
・展性，延性に富んでいる。

③ 金属は弾性体である。

④ 熱によって溶解する。
・融点の低いもの：すず
　高いもの：タングステン

⑤ 一般的に加熱すると膨張する。
・膨張率が大きいもの：鉛

⑥ 一般的に比重が大きい（重い）。
・比重の小さい（軽い）もの：リチウム
　最も大きい（重い）もの：オスミウム

⑦ 金属は特有の光沢がある。

⑧ 一般的に金属は腐食する。
・金，白金は腐食しない。
・アルミニウム，すず等のように表面に錆の膜を造り，内部まで進行しないものもある。

(2) 鉄と鋼

鉄は単体で使用されることは少なく，合金として様々な特性を持った金属材料として極めて広い用途で使われています。

◆炭 素 鋼

鉄と炭素の合金で，一般構造用材料として広く使用されています。

炭素（C）の含有量が多くなるほど**硬さが増**しますが，硬くなるほど**もろく**なります。鉄に加える炭素量や他の元素の添加により，鋼・鋳鉄・鋳鋼など様々な種類があります。

◆特殊鋼（合金）

鉄に炭素のほか，ニッケル・クロム・タングステン・モリブデン等1種類又は2種類以上を加えた「鋼」を特殊鋼といいます。強度，耐食性，耐熱性に優れています。

（例）ステンレス鋼（SUS），ニッケル鋼，クロム鋼などがあります。

(3) 非鉄金属

◆銅・銅合金

銅は電気や熱の伝導性が高く，展延性・耐食性に優れています。

黄 銅…「**銅**」と「**亜鉛**」の合金で，**しんちゅう**と呼ばれています。
圧延加工性，耐食性，機械的性質に優れていますが海水には弱い。
銅合金としては最も広く使用されています。

青 銅…「**銅**」と「**すず**」（15％以下）の合金で，**ブロンズ**と呼ばれており，最も古い合金といわれています。

バルブ類，軸受け材，ポンプ部品などに使用されており，耐食性，耐摩耗性，鋳造性に優れています。「砲金」と呼ばれる鍛造性に優れているものがあります。このほか，銅に加える金属により，多数の銅合金があります。

◆アルミニウム・アルミニウム合金

軽量で加工性，耐食性，熱・電気の伝導性に優れています。

ジュラルミンは，アルミニウムに銅と少量のマグネシウム，マンガンを加えた，アルミニウム合金の代表的なものです。

軽量で軟鋼程度の強さを持っています。

◆はんだ …鉛とすずの合金で，金属の接合に用いられます。

(4) 合金の性質

金属は他の金属を加えて性質を変化させた「**合金**」として使用されることが多く，合金にすると金属の性質には次のような変化が生じます。

① 強度・抗張力は，成分金属より一般的に強くなる。
② 硬度は一般的に増加する。
③ 可鋳性（かちゅうせい）は一般的に増加する。（鋳物として成形しやすい性質）
④ **可鍛性（かたんせい）は**，**減少**するか又はなくなる。（鍛造しやすい性質）
⑤ 化学的腐食作用に対する耐腐食性は増加する。
⑥ **電気や熱の伝導度**は若干**減少**する。
⑦ **溶解点**（融点）は，成分金属の平均値より**低く**なります。

（５）金属の熱処理

鋼その他の金属を**加熱**や**冷却**を行って，性質を変化させることを**金属の熱処理**といいます。

熱処理の種類・方法・目的は，概ね次のとおりです。

熱処理	方　法	目　的
焼入れ	高温で加熱した後に**急冷**する	硬度・強度を高める
焼戻し	**焼入れした温度より低い温度**で再加熱した後，**徐々に冷却**する	粘性の回復 焼入れ強度の調整
焼なまし	**加熱を一定時間保持した後**に，炉内等で**極めてゆっくり冷やす**	金属内部のひずみの除去 組織の安定化，展延性の回復
焼ならし	**加熱を一定時間保持した後**に，大気中で**ゆっくり冷やす**	ひずみの除去，切削性の向上 機械的性質の向上

（６）金属の溶接

金属材料の接合部に**熱**や**圧力**を加えて接合することを**溶接**といいます。

溶接は，**融接・圧接・ろう付け**に大別されますが，原理や熱源の種類により，多数の種類があります。

①融　　接…（アーク溶接，ガス溶接，テルミット溶接，等）

②圧　　接…（スポット溶接，シーム溶接，電気抵抗溶接，等）

③ろう付け…（はんだ付け 等）

【溶接用語の例】

ビード　：溶接棒と母材が溶融して溶着金属となった部分のこと。

スラグ巻込み：溶着金属の内部にスラグ（不純物）が取込まれている状態のこと。

アンダカット：溶接部分において，ビードと母材の境目に溶接線に沿ってできた細い溝のこと。

ブローホール：気孔ともいい，溶着金属の内部に空洞ができること。

クレータ　：溶接ビードの終わりにできたへこみのこと。

（7）ねじ，ボルト・ナット

ねじは，巻き方向，条数，ねじ溝の形状，径，ピッチなどにより多種多様なものがあります。ここでは，ごく一般的な説明をします。

【ねじの種類】

メートルねじ……Mで表示され，径は（mm）で表示されます。
（例：M－10，M－16等）

管用平行ねじ……記号：G　ねじが軸と平行のもの。

管用テーパねじ…記号：R　ねじが先細りのもの。
気密性が必要な場合に用いられます。

ユニファイねじ…記号：UNC　インチで表示するねじ。

【ボルト・ナット】

一般的に，ボルトは**おねじ**，ナットは**めねじ**と呼ばれます。

ボルトの径を表す場合，M 10，M 16－1.2 などと表示されます。

M 16－1.2 とは，M 16の M は**メートルねじ**で**呼び径が16** mm，ピッチ（ねじ山間隔）が1.2 mm であることを表しています。

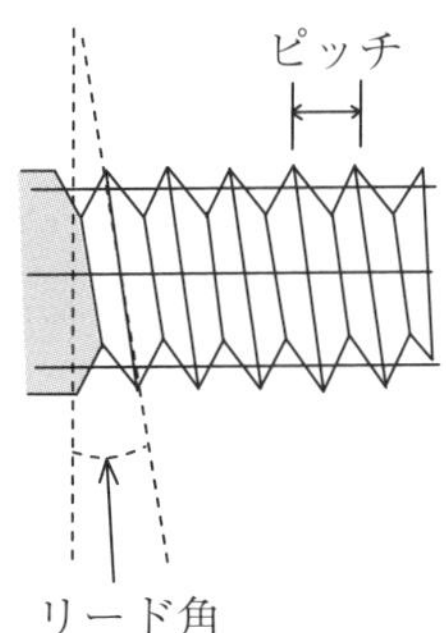

リードとは，ねじを1回転させた時にねじの進む距離をいいます。

リード角はねじ山の傾斜角度で，角度により進む距離が変わります。

解いてみよう!! よく出る問題

1. 荷重とはり

問題1　荷重についての記述のうち，誤っているものは次のどれか。

(1)　集中荷重は，材料の一点に集中して働く荷重である。
(2)　分布荷重は，材料の全体に均等に働く荷重である。
(3)　繰返し荷重は，一定の向きに周期的に繰り返して働く荷重のことをいい，動荷重の一種である。
(4)　衝撃荷重は，材料に急激に働く荷重のことで，動荷重として分類される。

解き方と解説

(P.12参照)

荷重には，

(1) 荷重の働く方向による分類（引張荷重・圧縮荷重など）
(2) 荷重の働く状態による分類があります。本問は(2)についての問題です。

荷重の働く状態による分類

静荷重	・集中荷重：一点に集中してかかる荷重 ・分布荷重：全体又は一部の範囲にかかる荷重
動荷重	・繰返し荷重：同じ方向の力を周期的に繰り返す荷重 ・衝撃荷重：急激にかかる荷重 ・移動荷重：かかる力が移動する荷重 ・交番荷重：力の方向が繰り返し変わる荷重

選択肢の(2)が誤りです。分布荷重には，力が物体又は材料の全体に同じ大きさで作用する**等分布荷重**と**一部分に作用する分布荷重**があります。

したがって，分布荷重の説明としては正しくありません。　解答(2)

分布荷重の例

（等分布荷重）　（一部分にかかる分布荷重）

問題2　下図で示す「はり」の矢印部分に荷重 *W* をかけた場合，たわみの小さいものから順に並べたものは，次のうちどれか。

ただし，はりの長さ，材質，断面積，荷重は同一であるものとする。

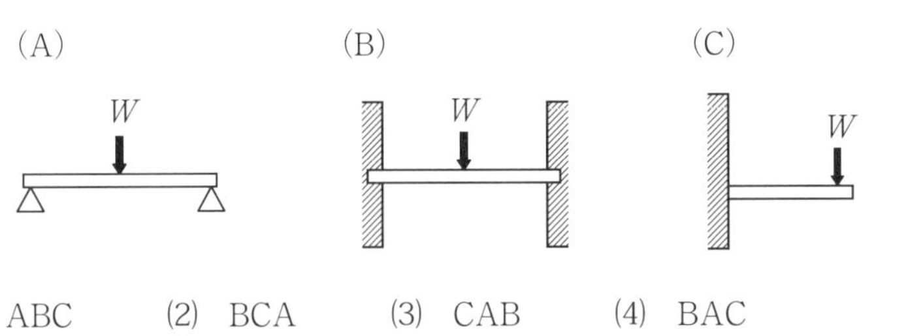

(1)　ABC　　(2)　BCA　　(3)　CAB　　(4)　BAC

解き方と解説

(P. 13参照)

荷重の位置と支点の距離が短いものほど力の作用が小さくなるので，**支点の多いはり，固定されたはり**の「たわみ」は**小さく**なります。

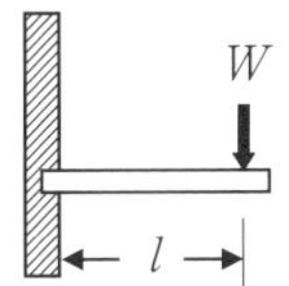

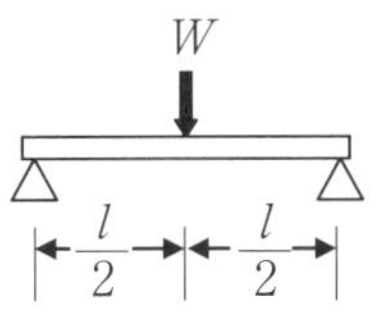

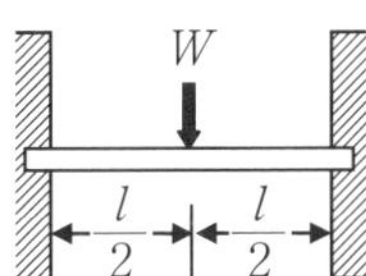

本問では，B → A → C の順に「たわみ」が大きくなります。

解答 (4)

問題3　下図で示す「はり」のうち，上下の曲げ荷重に対して最も強いものはどれか。但し，断面積，長さ，材質は同一であるとする。

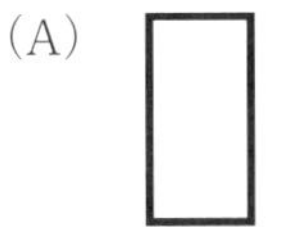

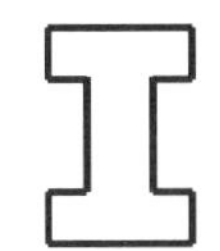

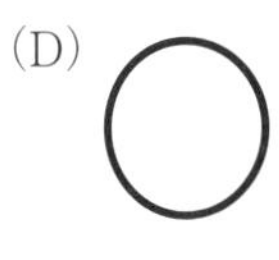

(1)　A　　(2)　B　　(3)　C　　(4)　D

解き方と解説

D → B → A → C の順に強くなります。**H 型のはり**は強度に優れているため，強度を必要とする部分に **H 鋼**がよく使われます。

解答 (3)

2．応力とひずみ

問題 4　**応力についての記述のうち誤っているものは，次のどれか。**

⑴　応力は物体に加わる荷重と同じ向きである。

⑵　応力は物体に荷重が加わると物体の内部に生じる。

⑶　応力は物体に加わる荷重と同じ大きさである。

⑷　応力は物体に加わる荷重に対して発生する抵抗力である。

解き方と解説

（P.14参照）

物体に**荷重**（外力）を加えると，荷重に抵抗して形状を保とうとする**抵抗力**が**物体の内部**に発生します。この抵抗力（内力）を「**応力**」といいます。

応力と荷重の関係は，次のようになります。

① 応力は，**荷重と同じ大きさ**である。

② 応力は，**荷重と正反対の向き**である。

③ 応力は，荷重がかかると**物体の内部**に生じる。

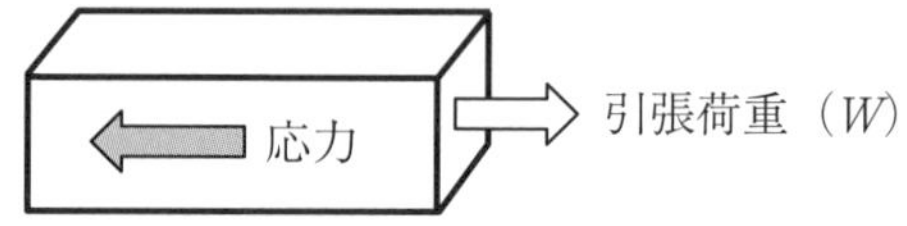

応力の大きさは［**荷重（N）÷物体の断面積（mm²）**］で算出します。

荷重と応力は**正反対の向き**となるので，選択肢⑴は誤りです。

解答⑴

問題5 **直径2 cmの丸棒に1 kNの引張荷重が働いているときの丸棒における引張応力として正しいものは，次のうちどれか。**

(1) 0.50 MPa (2) 2.00 MPa (3) 3.18 MPa (4) 6.36 MPa

解き方と解説

(P.15参照)

引張応力・圧縮応力・せん断応力の大きさは，次式により算出します。

$$応力 = \frac{W}{A} \quad \frac{(荷重)\ (N)}{(断面積)\ (mm^2)}$$ 〔N/mm^2〕（＝MPa）

荷重の単位には〔N〕（ニュートン），断面積には〔mm^2〕を用います。

応力の単位は〔N/mm^2〕又は〔N/m^2〕となりますが，圧力と同じく**単位面積当りの力**であることから，単位にPa（パスカル）も用いられます。

1〔N/mm^2〕＝1 MPa（メガパスカル）

設問の選択肢の単位がMPaであるので，先ず〔N/mm^2〕で応力を求めます。荷重はNの単位に，断面積はmmの単位に合わせて計算します。

▶ 荷重（W）は，1 kN（キロニュートン）＝**1000 N**

▶ 丸棒の断面積（A）は，3.14×10mm ×10 mm ＝**314 mm^2**

（円の断面積は，πr^2 ＝ 3.14×半径×半径）

したがって

$$応力 = \frac{1000}{314} \frac{(N)}{(mm^2)} \fallingdotseq 3.18 〔N/mm^2〕$$

〔N/mm^2〕＝〔MPa〕なので，(3)が正解となります。

解答(3)

※問題文の単位が算出方法のヒントになるので，単位に注意！

〔N/mm^2〕…単位の中に〔/〕がある場合は，割り算です。

〔N・m〕 …単位の中に〔・〕がある場合は，掛け算です。

問題6　**断面が5 cm ×5 cm の角材がある。この角材の軸線と直角に5kN のせん断荷重が作用したとき，角材に発生するせん断応力は，次のうちどれか。**

(1)　0.2 MPa　　(2)　2.0 MPa　　(3)　20 MPa　　(4)　200 MPa

解き方と解説 (P.14，15参照)

せん断応力も［**荷重÷物体の断面積**］により算出します。

応力の単位〔N/mm^2〕に，問題文の単位を合せます。

▶荷重（*W*）は，5 kN（キロニュートン）＝ **5000 N**

▶角材の断面積（A）は，50 mm ×50 mm ＝ **2500 mm^2**

となるので，応力の計算式に数値を算入します。

$$応力 = \frac{5000\ (N)}{2500\ (mm^2)} = 2\ 〔N/mm^2〕又は〔MPa〕$$

解答 (2)

問題7　**物体や材料に引張荷重がかかったときに応力集中が起こることにより，破壊に結び付きやすいものは次のどれか。**

(1)　物体や材料に錆が発生している。

(2)　物体や材料の数カ所に打痕がある。

(3)　物体や材料に交番荷重がかかる。

(4)　物体や材料に切り欠き部分がある。

解き方と解説

物体や材料に**穴や切り欠き**等があると，断面形状が急変する部分に**大きな応力**が**集中して発生**しやすく，ひび割れなどを起こしやすいために破壊に結び付きやすくなります。

解答 (4)

問題 8　金属材料に引張荷重をかけたところ，2 m のものが2.3 m になった。この場合のひずみ度は次のうちのどれか。

(1)　0.15　　(2)　0.87　　(3)　8.7　　(4)　1.15

解き方と解説　(P. 16参照)

ひずみ度は，一般的に**ひずみ**といっているものです。

ひずみには，縦ひずみ，横ひずみ，せん断ひずみがあり，設問のひずみは，荷重の方向に変形しているので縦ひずみになり，**縦ひずみ**は，荷重により**変形した量**と**元の長さ**を比較したもので，ε（エプシロン）で表わします。

$$\text{ひずみ}(\varepsilon) = \frac{L_2 - L_1(\text{m})}{L_1\ (\text{m})} \quad \begin{matrix}\leftarrow \text{変形分の長さ} \\ \leftarrow \text{元の長さ}\end{matrix}$$

元の長さを L_1，変形後の量を L_2 とし，次式で求めます。

$$\text{ひずみ}(\varepsilon) = \frac{2.3 - 2\ (\text{m})}{2\ \ (\text{m})} = 0.15 \text{（単位は付かない）}$$

設問の数値を代入します。

したがって，設問のひずみは0.15となります。

解答 (1)

▶**横ひずみ**は，縦ひずみの軸方向と直角に生じる横の変形量をいいます。即ち，長さが伸びると太さ（幅）が細くなる変形をいいます。

▶**せん断ひずみ**は，物体（箱など）の角を押すと，ズレて変形します。このような変形をいいます。

▶せん断ひずみは角度が生じるため，角度を用いた計算も可能です。

【まとめ】　ひずみは，種類にかかわらず［**変形量 ÷ 元の量**］で，算出することができます。

問題9　**下図は金属材料の引張試験における応力とひずみの関係線図である。次の記述のうち誤っているものはどれか。**

(1)　A点を比例限度という。

(2)　B点を弾性限度という。

(3)　E点を上降伏点という。

(4)　F点を破断点という。

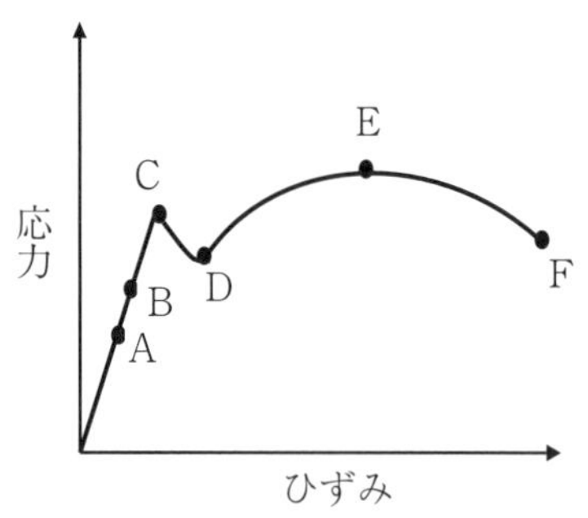

解き方と解説

(P.18参照)

上図は材料の引張試験を行った際の**応力とひずみの状態**を表しています。

A：**比例限度**…応力とひずみが比例して変化する限界

B：**弾性限度**…荷重を取去るとひずみは消えて，元の状態に戻る限界

C：上降伏点，D：下降伏点（連続的にひずみが増加する部分）

E：**極限強さ**…強度の限界で最大応力となる。引張り強さともいう。

F：破　　断…破壊点

解答(3)

問題10　**応力とひずみの関係における「クリープ」についての記述のうち，正しいものはどれか。**

(1)　荷重と応力の比率が変化する過程をいう。

(2)　縦ひずみと横ひずみの変化する過程をいう。

(3)　降伏点から極限強さに至るひずみの増加現象をいう。

(4)　荷重変化と関係なく連続的にひずみが増加する現象をいう。

解き方と解説

(P.19参照)

クリープとは，荷重が一定でも，時間経過とともに連続的にひずみが増加する現象をいいます。上降伏点と下降伏点の間で起こる現象です。

解答(4)

問題11 **引張り強さが500 N/mm²の鋼材がある。この鋼材を使用するときの許容応力を200 N/mm²とした場合，安全率として正しいものは，次のうちどれか。**

(1)　0.4　　(2)　2.0　　(3)　2.5　　(4)　3

解き方と解説 (P.19参照)

安全率は，荷重（応力）に対する**材料の安全の度合いを表したもの**で，材料等を**安全に使用するための数値**です。次式により求めます。

$$安全率 = \frac{破壊応力 \quad (N/mm^2) \cdots (最大応力・極限強さ・引張強さ)}{許容応力 \quad (N/mm^2) \cdots (安全使用上，許される応力)}$$

▶ 破壊応力は，材料の極限強さ（引張り強さ）をいいます。

▶ 許容応力は，設計上，安全であるとされる最大の応力をいいます。

（材料等に加わる荷重は常に許容応力よりも小さくなければならない）

問題の数値を算式に代入します。

$$安全率 = \frac{500}{200} = 2.5$$

解答(3)

問題12 **引張り強さが660 N/mm²の材料の安全率を3とした場合，材料の許容応力として正しいものは，次のうちどれか。**

(1)　45 N/mm²　　(3)　220 N/mm²

(2)　198 N/mm²　　(4)　330 N/mm²

解き方と解説 (P.19参照)

前問と同様に，安全率を求める式に数値を当てはめて算出します。

$$3 = \frac{660}{X} \qquad X = \frac{660}{3} = 220$$

解答(3)

3．力（ちから）

問題13　**力についての記述のうち誤っているものは，次のどれか。**

(1)　力の働く位置を力の作用点という。

(2)　力の大きさは，力を示す線の長さで表わす。

(3)　力の働く方向は，作用線の向きと同じである。

(4)　力が働く作用時間は，力の三要素の1つである。

解き方と解説 （P.20参照）

力の三要素とは，**「力の大きさ」・「力の方向」・「力の作用点」**をいいます。

① **力の大きさ**…作用線の長さで大きさを表します。

② **力の向き**……作用線の向きで表します。

③ **力の作用点**…力が作用する位置をいいます。

※作用線：作用点から力の作用する方向へ引いた線をいいます。

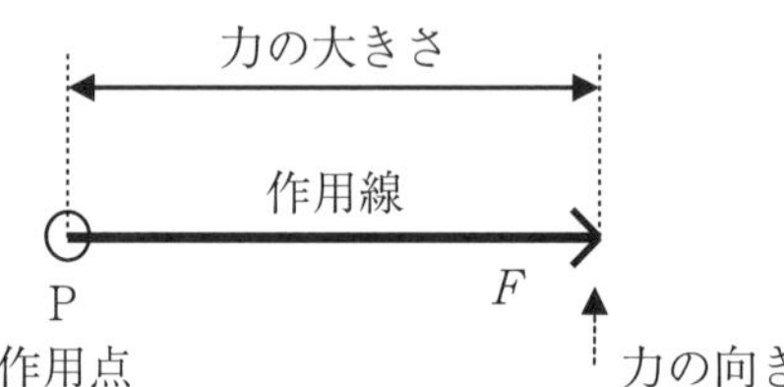

設問では(4)が誤りです。力の作用時間は，力の三要素ではありません。

解答 (4)

問題14　**下図のように力 F_1 と力 F_2 が P 点で直角に作用している。この場合の F_1 F_2 の合力として正しいものは，次のうちどれか。**

(1)　10.0 N

(2)　14.1 N

(3)　20.0 N

(4)　17.3 N

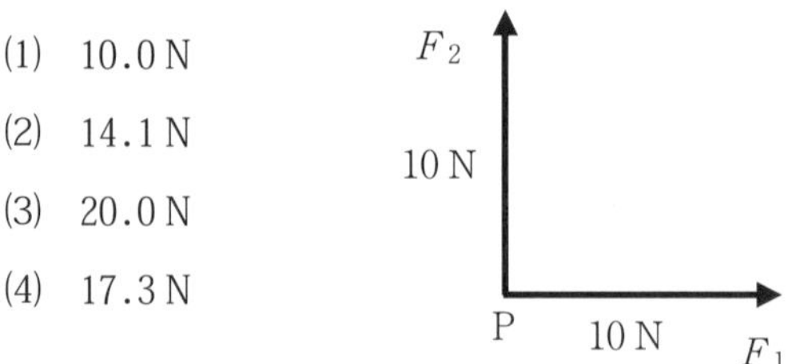

解き方と解説

（P.20参照）

2つの**力** F_1・F_2を合成する場合は，F_1・F_2**を2辺とする平行四辺形**を作ると，その**平行四辺形の対角線**が2つの力の**合力**となります。

2つの力の作用角度に関係なく平行四辺形の対角線が合力となります。

平行四辺形のつくり方

① 力 F_1の先端から F_2と平行に線を引く。

② F_2の先端から F_1と平行に線を引く。

上記①②で引いた線の交点を F とすると，

平行四辺形（P → F_1 → F → F_2 → P）ができます。

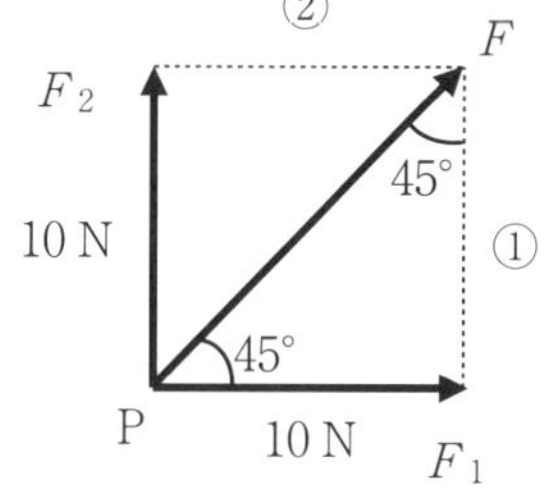

対角線 F（$P \to F$）が**合力**となります。

力の**平行四辺形は，対角線を一辺とする2つの三角形**からできており，三角形の**辺の長さ**と**角度**は，**力の大きさ**と**方向**に対応しています。

三角形は角度が同じであれば，各辺の長さの割合は定まっており，これを基に，**合力や分力の大きさを求める**ことができます。

下図は活用範囲の広い三角形の例です。知っていると便利です！

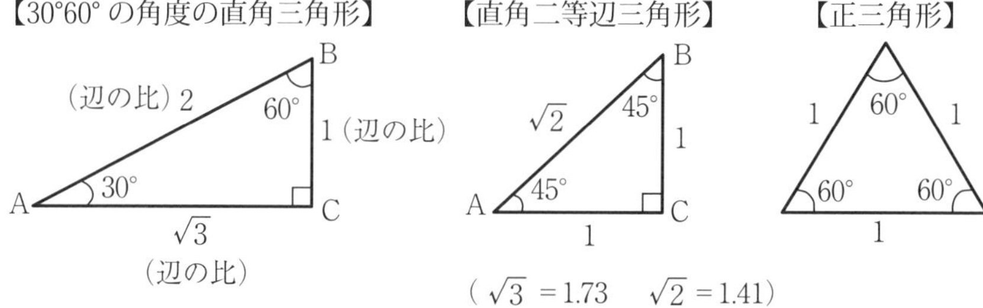

（$\sqrt{3} = 1.73$　$\sqrt{2} = 1.41$）

設問の解答をします。平行四辺形の $P \to F \to F_1$は直角二等辺三角形であるので，三角形の辺の比を使って解きます。

斜辺（合力 F）は，F_1（$= F_2$）が1のとき $\sqrt{2}$ の大きさです。

従って，合力は $10\,\mathrm{N} \times \sqrt{2} = 14.1\,\mathrm{N}$ となります。

解答 (2)

4．力のモーメント

問題15 下図に示すように，一端を固定した長さ2 m の鋼材がある。
この鋼材に3 kN の荷重（*W*）をかけたときの最大曲げモーメントとして正しいものは，次のうちどれか。

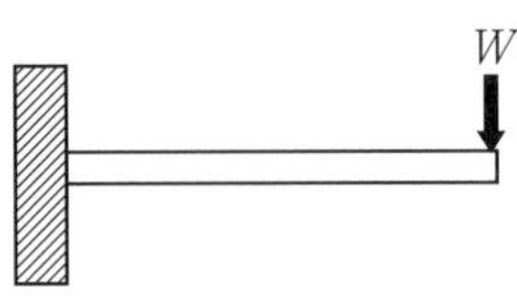

(1) 1.5 kN・m (2) 3 kN・m (3) 4 kN・m (4) 6 kN・m

解き方と解説

(P.24参照)

ある軸又は回転軸を中心に**回転させる力の働き**が**力のモーメント**です。
モーメント（*M*）は，次式で求めることができます。

$$\boldsymbol{M = F \cdot r} \quad [\mathrm{N \cdot m}]$$

F は**荷重**（力），*r* は**軸から荷重までの距離**となります。
〔$\boldsymbol{F \cdot r}$〕は，〔$\boldsymbol{F \times r}$〕で計算します。
上記算式に問題文の数値を代入します。
$M = 3\,\mathrm{kN} \times 2\,\mathrm{m} = 6\,\mathrm{kN \cdot m}$ となります。

解答(4)

モーメントは，右回り・左回りなどの方向性があるので，ベクトルとして扱います。ベクトルはどの位置に移動しても変化は有りません。

相反するモーメントが作用する場合は，反時計回りを（＋），時計回りを（－）として扱います。

問題16　柄の長さが80 cm の締付け工具がある。この工具を用いてボルトの中心から60 cm の位置に5 N の力を加えてボルトを締め付けた。この場合の締付力は次のうちどれか。

(1)　3 N•m　　(2)　4 N•m　　(3)　6 N•m　　(4)　8 N•m

解き方と解説 （P.24参照）

柄の長さは関係ありません。力の加わる位置がポイントです。

ボルトの締め付けとは，ボルトの中心を軸にスパナで締め付けることですから，モーメント（＝トルク）の算式に数値を入れます。

$M = 0.6\,\mathrm{m} \times 5\,\mathrm{N} = 3$〔N・m〕となります。

計算問題の場合は単位を揃えることに注意して下さい。

選択肢の単位が N・m ですから，60 cm を0.6 m にします。

解答(1)

問題17　一端を固定した長さ2 m の鋼材がある。この鋼材に15 N の等分布荷重 *W* がかかったときの曲げモーメントとして正しいものは，次のどれか。

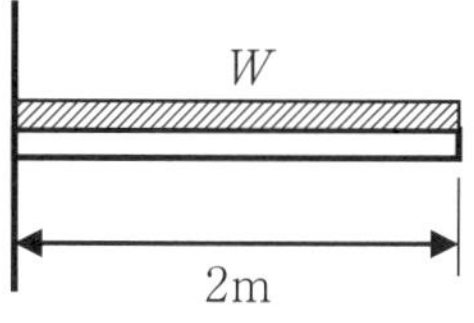

(1)　15 N•m　　(2)　20 N•m　　(3)　25 N•m　　(4)　30 N•m

解き方と解説 （P.24参照）

等分布荷重については，荷重を受ける鋼材等の長さの中央に荷重がかかるとして計算します。

従って，$M = 1\,\mathrm{m} \times 15\,\mathrm{N}$，$M = 15\,\mathrm{N \cdot m}$ となります。

解答(1)

問題18　吊り下げられた長さ2.5 m の丸棒の A 端に20 N（F_1），B 端に30 N（F_2）の力が丸棒と直角に働いている。

丸棒が水平を保つための支点の位置，合力の大きさ，合力の方向として正しいものは，次のうちどれか。

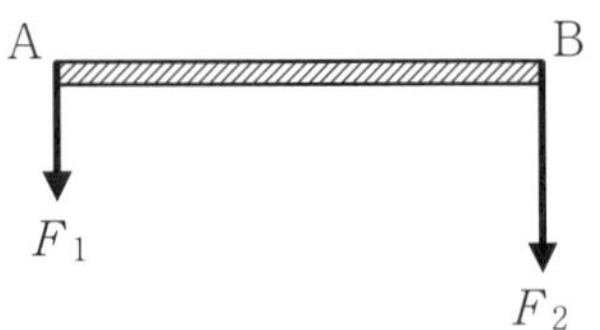

(1)　合力の方向は上向きである。
(2)　合力の大きさは30 N である。
(3)　支点の位置は A 端から2 m の位置である。
(4)　支点の位置は B 端から1 m の位置である。

解き方と解説

（P.25参照）

この問題は，モーメントの延長線上にある問題で，難しくは有りません。下図のように支点の位置を O，支点から A 端までの距離を r_1，支点から B 端までの距離を r_2，合力を F として算出します。

▶ **合力の方向**…F_1・F_2とも同じ向きなので下向きとなります。
▶ **合力の大きさ**…同じ向きなので $F = 20 + 30 = 50$ N となります。
▶ **支点の位置**…作用点の算式より求めます。

$$r_1 = \frac{F_2}{F} \times r \qquad r_2 = \frac{F_1}{F} \times r$$

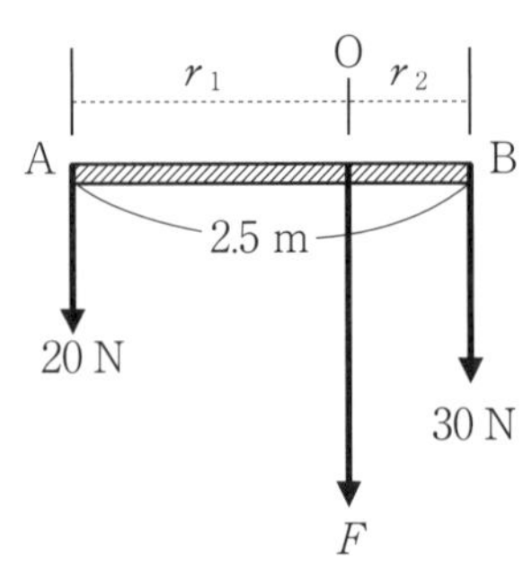

算式に数値を代入します。

$$r_1 = \frac{30}{50} \times 2.5 = 1.5 \text{ m}$$

$$r_2 = \frac{20}{50} \times 2.5 = 1.0 \text{ m}$$

従って，支点の位置は A 端から1.5 m の位置，B 端から1 m の位置となるので，(4) が正しいことになります。

解答 (4)

問題19 下図は，重量が W の物体をＡ点，Ｂ点からロープで吊り下げている状態を示している。つぎの条件から物体の重量として正しいものはどれか。

ただし，

① Ｂ点には30 N の力がかかっている。

② Ａ点・Ｂ点におけるロープの角度は，図のとおりである。

(1)　30 N　　(2)　40 N　　(3)　50 N　　(4)　60 N

解き方と解説

（P.26，P.27参照）

Ａ方向の力 F_A とＢ方向の力 F_B は W の分力であるから，F_A と F_B の平行四辺形をつくりその「合力」W' を求めればよいことになります。

ＡとＢの平行四辺形をつくります。（右図参照）

① 点ＢからＰ‐Ａに平行に反力方向に線を引き，反力との交点をＱとします。

② ＱからＰ‐Ｂに平行な線をＰ‐Ａの延長方向にひくと平行四辺形ができます。

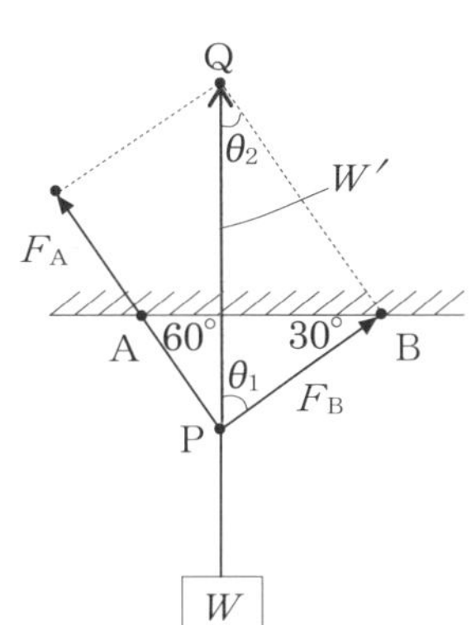

Ｐ‐Ｂ‐Ｑの三角形から F_A・F_B の合力 W' を求めます。

Ａ点の角度が60度，Ｂ点の角度が30度であるので，Ｐ点の角度は直角となります。（三角形の内角の和は180度です）

従って，三角形Ｐ‐Ｂ‐Ｑは直角三角形となり，θ_1 は，Ｂ点の角度が30度であるので60度となります。また，θ_2 は30度となります。

直角三角形Ｐ‐Ｂ‐Ｑの辺の比は，Ｐ‐Ｂ：Ｐ‐Ｑ＝１：２となります。

Ｂ点にかかっている力が**30 N** であるので，W'（P‐Q）の力は F_B の２倍の**60 N** ということになります。

$W = W'$ であるので，物体の重量は60 N ということになります。

解答(4)

5．仕事

問題20 **500 N の物体を，20秒かけて5 m 引き上げた。このときの仕事量として正しいものは次のうちどれか。**

(1) 25 J (2) 100 J (3) 2500 J (4) 10000 J

解き方と解説 (P.28参照)

仕事量（W）は，加える**力**を F（N），**移動量**を S（m）として求めます。

仕事量（W）＝F・S 〔N・m〕

仕事量 ⇨（W）＝500× 5 ＝2500〔N・m〕となります。

選択肢の単位がJ（ジュール）ですので，Jでこたえる必要があります。

1 N・m ＝1 J であるので，2500 J となります。

解答 (3)

問題21 **600 N の物体を，10秒かけて10 m 引き上げた。このときの動力として正しいものは次のうちどれか。**

(1) 300 W (2) 600 W (3) 800 W (4) 1200 W

解き方と解説 (P.28参照)

仕事量 W をそれに費やした時間 t で割ったものが**動力**となります。

動　力（P）＝ $\dfrac{W\ (\text{仕事量})}{t\ (\text{時　間})}$ 〔N・m/s〕，〔W〕（ワット）
s：sec（秒）

仕事量 ⇨（W）＝600×10＝6000〔N・m〕

動　力 ⇨（P）＝ $\dfrac{6000\ (\text{仕事量})}{10\ (\text{時間・秒})}$ ＝600〔N・m/s〕

動力の単位には，〔1 N・m/s〕＝〔1 J/s〕＝〔**1 W**〕（ワット）が用いられます。

解答 (2)

問題22 重量200 kg の物体を20秒で10 m の高さに引き上げた。
この場合の動力は，次のうちどれか。
ただし，重力加速度は9.8 m/s^2とする。

(1) 100 kgf・m/s　　(2) 470 N・m/s
(3) 980 J/s　　(4) 1960 W

解き方と解説 （P.28参照）

重力により引かれる分も仕事量に加わることから，重力加速度も含めて仕事量を算出することになります。

仕事量を算出します。

仕事量 ⇨ $W=(200\times10)\times9.8=19600$〔N・m〕又は〔J〕

動力を算出します。

仕事量 ⇨ $W=19600$〔N・m〕又は〔J〕

動　力 ⇨ $P=\frac{19600}{20}\ \frac{(\text{仕事量})}{(\text{時間・秒})}=980$〔N・m/s〕又は〔J/s〕，〔W〕

〔N・m/s〕＝〔J/s〕＝〔W〕であるので，正解は(3)となります。

解答(3)

6．滑　車

問題23　下図の滑車を用いて1200 N の物体 *W* を引き上げるのに必要な力 *F* として，正しいものは次のうちどれか。但し，滑車とロープの重量，摩擦は無視すること。

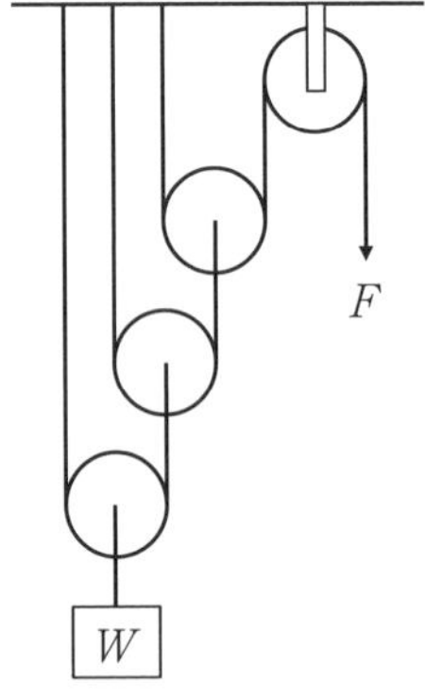

(1)　120 N

(2)　150 N

(3)　200 N

(4)　250 N

解き方と解説 (P.31参照)

本問は，組合せ滑車としてよく見かける問題です。

滑車には，固定されている**定滑車**とロープを引くと移動する**動滑車**があります。

定滑車は**力の方向を変える働き**をしますが，力に変化を加えることはできません。

ロープを引くと移動する**動滑車**が**力の大きさを変える**働きをします。

動滑車の数が1個増えるごとに重量物の重量の半分が軽減されます。

引く力 ***F*** を求める算式は次のとおりです。

$$F=\frac{W}{2^{n}}$$

n は動滑車の数です。
本問では3個ですから $\mathbf{2^3}$ となります。

設問の数値を算式に代入します。

$$F=\frac{1200}{2^3}=\frac{1200}{8}=150\ \text{N}$$

よって，引く力 ***F*** は**150 N** となります。

解答(2)

問題24 下図の輪軸を用いて600 N の物体 W を吊り上げるために必要な力 F として，正しいものは次のうちどれか。

但し，それぞれの直径は D：60 cm，d：20 cm とする。

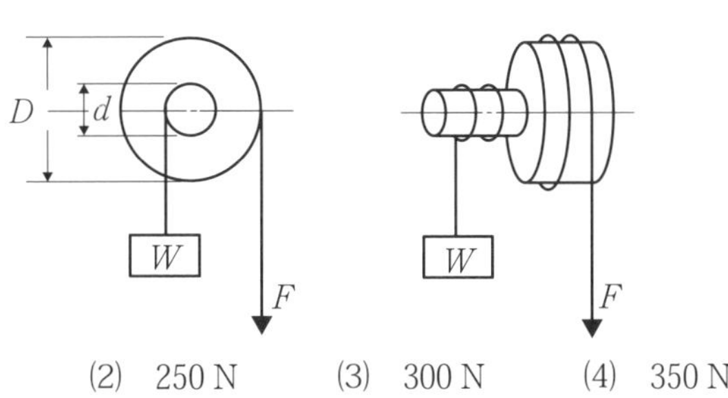

(1) 200 N (2) 250 N (3) 300 N (4) 350 N

解き方と解説

(P.30参照)

大小の輪を組み合わせた輪軸は，重量物の「巻き上げ」や「吊り上げ」などの際に使用されます。

輪軸は，軸を中心に回転するので，軸の中心に支点があると考えれば「てこ」と同じ考え方ができます。

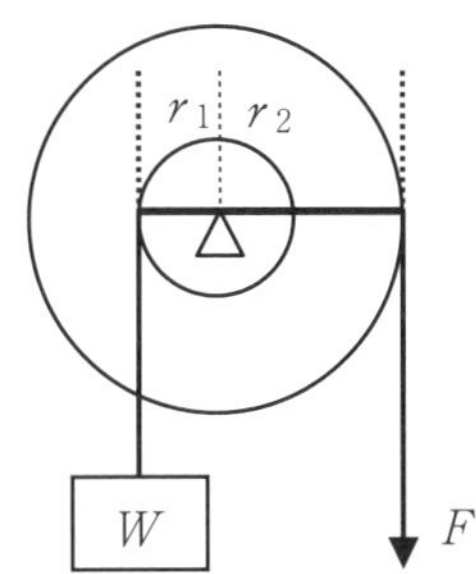

<Fを求める算式>

$$F \times \frac{D}{2} = W \times \frac{d}{2}$$

（大輪の半径） （小輪の半径）

$$\frac{D}{2} = r_2 \qquad \frac{d}{2} = r_1$$

設問の数値を算式に代入します。

$F \times 30\ \text{cm} = 600\ \text{N} \times 10\ \text{cm} \rightarrow 30F = 6000$

$\therefore\ F = 200\ \text{N}$

よって，引く力 F は200 N となります。

解答 (1)

7．摩擦力

問題25　**水平な床面に置かれた500 N の物体を水平に動かす場合の最大摩擦力は次のうちどれか。但し，摩擦係数は0.4とする。**

(1)　125 N　　(2)　150 N　　(3)　200 N　　(4)　250 N

解き方と解説 （P.32参照）

床等に接触している物体を動かそうとすると，その外力に抵抗する力が接触面に働きます。この抵抗する力を「**摩擦力**」といいます。

摩擦力の大きさは，接触面にかかる**垂直圧力に比例**するため，**物体の質量に比例**することになります。接触面の大小は関係ありません。

静止している物体が動き出す時が最も大きい力を必要とします。この時の摩擦力を「**最大摩擦力**」又は「**最大静止摩擦力**」といいます。

最大摩擦力は，下記により算出します。

$$F = \mu \times W$$ 〔N〕

μ：摩擦係数（ミュー）
W：接触面にかかる圧力（荷重）

算式に設問の数値を代入します。

$F = 0.4 \times 500 \quad \rightarrow \quad F = 200$

解答(3)

問題26　**水平面に置かれた100 N の物体に20 N の力を加えたときに動き出した。摩擦係数として正しいものは次のどれか。**

(1)　0.1　　(2)　0.2　　(3)　3.0　　(4)　5.0

解き方と解説 （P.32参照）

上記，算式に数値を代入する。

$20 = \mu \times 100 \quad \rightarrow \quad \mu = 20 \div 100 = 0.2$

解答(2)

8. 運　動

問題27　**静止状態の鉄球が自由落下を始めた。98 m/s の速度に達するのに要する時間として，正しいものは次のうちどれか。**
ただし，空気抵抗は無視できるものとする。

(1)　6秒　　(2)　8秒　　(3)　10秒　　(4)　12秒

解き方と解説

(P.33参照)

自由落下運動に関する問題です。

自由落下は，次式で求めることができます。

$v = v_0 + gt$　（速度 ＝ 初速＋重力加速度×時間）

〔速度：v，初速：v_0，重力加速度：$g = 9.8\ \mathrm{m/s^2}$，時間：t〕とします。

問題の数値を上式に代入します。

静止状態からの落下ですから，初速は0となります。

$98 = 0 + 9.8 \times t \rightarrow 98 = 9.8t \rightarrow t = 10$

従って，10秒となります。

解答(3)

問題28　**ボールを60 m/s の速度で投げ上げた。最高の高さになるまでのおおよその時間は次のうちどれか。**
ただし，空気抵抗は無視できるものとする。

(1)　約4秒　　(2)　約6秒　　(3)　約8秒　　(4)　約10秒

解き方と解説

(P.33参照)

ボールの上がる速度に対して重力加速度は下向きに働くので，重力加速度はマイナスの作用となり，算式は $v = v_0 - gt$ となります。

最高点での速度は0となるので，$0 = 60 - 9.8 \times t$

$t = 60 \div 9.8 \fallingdotseq 6.1$　従って，約6.1秒となります。

解答(2)

9. 機械材料

問題29 **金属の一般的な性質のうち，誤っているものはどれか。**

(1) 銅は表面に緑青を形成するために腐食しない。

(2) 「すず」は溶解温度が低く，タングステンは溶解温度が高い。

(3) リチウムは比重が最も小さく，オスミウムは比重が最も大きい。

(4) アルミニウムは空気中の酸と反応して表面に被膜をつくり，内部まで腐食が進行しない。

解き方と解説

(P.34参照)

金属の一般的性質の主なものは，次のとおりです。

空気中の酸（酸素等）と反応して**腐食**します（錆びる）

アルミニウム，すずなどのように，表面に錆の膜を造り**内部まで腐食が進行しない**ものもあります。また，**金・白金**は腐食しません。

溶解温度

低いもの：すず
高いもの：タングステン

比　重

小さい（軽い）**もの：リチウム，**
大きい（重い）**もの：オスミウム**

比重の例：リチウム0.53　鉄7.87　銅8.96　銀10.49　オスミウム22.58

電気や**熱**の**良導体**です。（よく伝える）

銅の表面に発生する緑青（ろくしょう）は，銅と空気中の酸素との反応による酸化被膜ですから腐食しないということではありません。

したがって，(1)が誤りです。

解答(1)

問題30 **合金の一般的な性質として，誤っているものは次のどれか。**

(1) 硬度は成分金属より増加する。

(2) 可鍛性及び可鋳性は成分金属より減少する。

(3) 化学的腐食作用に対しての耐腐食性は増加する。

(4) 熱及び電気の伝導率は成分金属の平均値より減少する。

解き方と解説 （P.35参照）

金属は，一般的に合金として性能を高めたうえで使用されます。

合金の一般的性質は次のとおりです。

① **強度**，**抗張力**は一般的に**強くなり**，**硬度は増加**します。

② **可鍛性**は**減少**又はなくなるが，**可鋳性**は**増加**します。

③ **溶解点**（融点）は，成分金属の平均値より**低く**なります。

④ 化学的腐食作用に対しての**耐腐食性は増加**します。

電気や**熱の伝導率**は成分金属の平均値より若干**減少**しますので，(2)が誤りとなります。

解答(2)

問題31 **炭素鋼の一般的な性質として，誤っているものはどれか。**

(1) 炭素含有量が多いほど硬くなる。

(2) 炭素含有量が多いほどもろくなる。

(3) 炭素含有量が多いほど展性は減少する。

(4) 炭素含有量が多いほど加工性が増加する。

解き方と解説 （P.34参照）

炭素鋼も**鉄と炭素の合金**で，炭素の含有量により性質が変わります。

炭素量が多くなると硬くなる反面もろくなり，展延性は減少します。

炭素量が多くなると硬くなるため，加工しにくくなります。

(4)が誤りとなります。

解答(4)

問題32　**銅合金の性質について，誤っているものは次のうちどれか。**

(1)　青銅にりんを加えたりん青銅は，弾性に富んでいる。
(2)　砲金は青銅の一種で，鍛造性に優れている。
(3)　青銅は銅とすずの合金で，ブロンズと呼ばれている。
(4)　黄銅は銅と亜鉛の合金で，真ちゅうと呼ばれ，最も古い合金といわれている。

解き方と解説　（P.35参照）

銅・銅合金は電気や熱の伝導性が高く，展延性・耐食性に優れています。

黄　銅…「**銅**」と「**亜鉛**」の合金で，**しんちゅう**と呼ばれています。
圧延加工性，耐食性，機械的性質に優れています。海水には弱いが銅合金としては最も広く使用されています。

青　銅…「**銅**」と「**すず**」（15%以下）の合金で，**ブロンズ**と呼ばれており，最も古い合金といわれています。

耐食性，耐摩耗性，鋳造性に優れており，バルブ類，軸受け材，ポンプ部品などに使用されています。

「砲金」と呼ばれる鍛造性に優れているものがあります。りん青銅は弾性に富んでおり，スプリング等に用いられています。

最も古い合金は青銅ですから，(4)が誤りです。

解答(4)

問題33　**合金の組成として，誤っているものは次のうちどれか。**

(1)　炭素鋼…Fe，CO　　(2)　黄　銅…Cu，Zn
(3)　青　銅…Cu，Sn　　(4)　はんだ…Pb，Sn

解き方と解説　（P.35参照）

金属材料で出てくる代表的な金属の元素記号は，知っておきましょう。

Fe：鉄　C：炭素　Cu：銅　Zn：亜鉛　Sn：すず　Pb：鉛

(1)が誤りです。CO（一酸化炭素）ではなくC（炭素）が正解です。

解答(1)

問題34 **金属の熱処理についての記述として，誤っているはどれか。**

(1) 焼き入れは，高温に熱した後に急冷却する。金属の硬度の増加を目的としている。

(2) 焼き戻しは，焼き入れ温度より低い温度で再加熱した後に徐々に冷却する。硬度や強度の更なる増加を目的としている。

(3) 焼きなましは，高温に加熱して一定時間保持した後に，炉内等で極めてゆっくり冷却する。組織の安定化を目的としている。

(4) 焼きならしは，高温に加熱して一定時間保持した後に，大気中でゆっくり冷却する。機械的性質の向上が目的である。

解き方と解説

(P.36参照)

金属の**加熱**や**冷却**を行って，性質を変化させることを**金属の熱処理**といいます。熱処理の種類・方法・目的は，次のとおりです。

熱処理	方　法	目　的
焼入れ	高温で加熱した後に**急冷**する	硬度・強度を高める
焼戻し	**焼入れした温度より低い温度**で再加熱した後，**徐々に冷却**する	粘性の回復 焼入れ強度の調整
焼なまし	**加熱を一定時間保持した後**に，炉内等で**極めてゆっくり冷やす**	金属内部のひずみの除去 組織の安定化，展延性の回復
焼ならし	**加熱を一定時間保持した後**に，大気中で**ゆっくり冷やす**	ひずみの除去，切削性の向上 機械的性質の向上

(2)の焼き戻しは，焼き入れで硬くなりすぎた金属の粘性を戻すことを目的として行います。更なる硬化が目的ではありませんので(2)が誤りです。

解答(2)

問題35　**金属の溶接についての記述として，誤っているはどれか。**

(1)　アーク溶接は，ろう付けの一種である。

(2)　スポット溶接やシーム溶接は，圧接に分類される。

(3)　アンダーカットとは，ビードと母材の境目に溶接線に沿ってできた細い溝のことをいう。

(4)　ブローホールとは，気孔ともいい，溶着金属の内部に空洞ができることをいう。

解き方と解説 (P.36参照)

金属材料の接合部に**熱**や**圧力**を加えて接合することを**溶接**といいます。

溶接は，**融接・圧接・ろう付け**に大別され，原理や熱源により，多数の種類があります。

① 融　　接…（アーク溶接，ガス溶接，テルミット溶接，等）
② 圧　　接…（スポット溶接，シーム溶接，電気抵抗溶接，等）
③ ろう付け…（はんだ付け 等）

溶接用語の (3)(4) は説明のとおりです。

その他の用語の説明

【ビード】：溶接棒と母材が溶融して溶着金属となった部分のことをいいます。
【スラグ巻込み】：溶着金属の内部にスラグ（不純物）が取込まれている状態のことをいいます。
【クレータ】：溶接ビードの終わりにできたへこみのことをいいます。

(1)が誤りです。アーク溶接は融接の一種です。

解答 (1)

問題36　**M 16×1.2と表示されたボルトがある。次の記述のうち正しいものはどれか。**

(1)　1.2はリード角を表している。
(2)　ボルトの呼び径が16 mm である。
(3)　ボルトの長さが16 mm，ピッチが1.2 mm である。
(4)　M はメートルねじを表し，16はねじの長さを表している。

解き方と解説

(P.37参照)

ボルトの径を表す場合，M 10，M 16－1.2 などと表示されます。

M 16－1.2とは，M 16の M は**メートルねじ**であること，**呼び径が16 mm** であることを表しています。

また，ピッチ（ねじ山間隔）が1.2 mm であることを表しています。

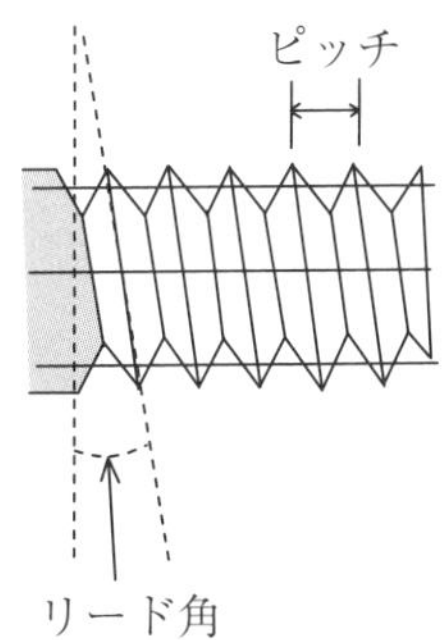

リードとは，ねじを1回転させた時にねじの進む距離をいいます。

リード角はねじ山の傾斜角度で，角度により進む距離が変わります。

(2)が正しい説明をしています。

解答 (2)

第2編

構造・機能・規格

第１章　避難器具

避難器具とは，火炎や煙などにより階段を用いる通常の避難ができない場合に使用する**非常用の脱出器具**のことをいいます。

避難器具は，避難者が**迅速**かつ**安全に避難**できるものでなければならないことから，その構造・機能・性能等の基準が定められています。

検定対象…金属製避難はしご，緩降機

認定対象…避難はしご，救助袋，避難橋，避難用タラップ，すべり台，すべり棒，避難ロープ

消防設備士など有資格者でなければ，工事・整備ができない避難器具として，①**金属製避難はしご（固定式のもの）**，②**緩降機**，③**救助袋**が定められています。

避難器具の種類

避難器具の種類として，次のものがあります。

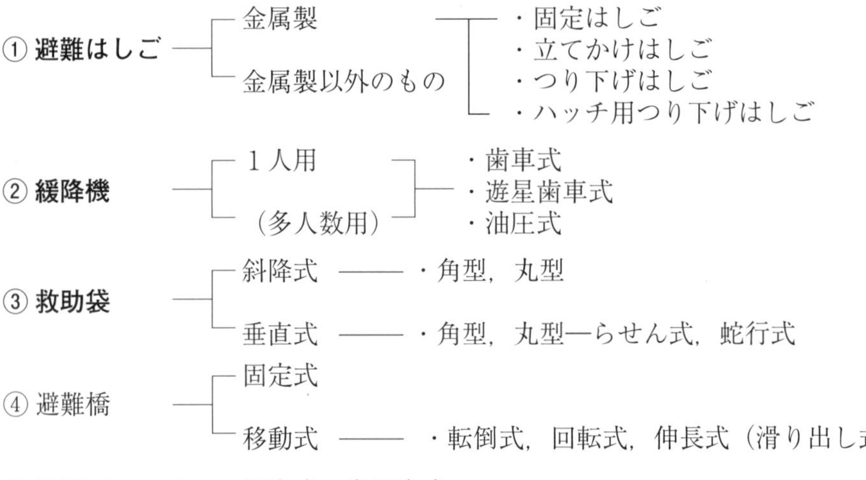

⑦ すべり棒

⑧ 避難ロープ

①

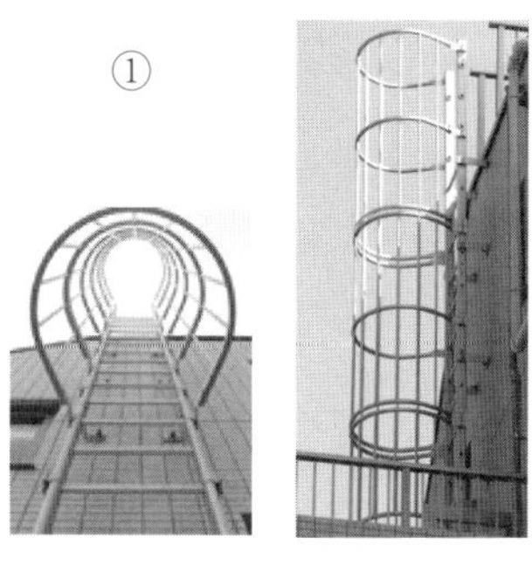

＜固定式＞

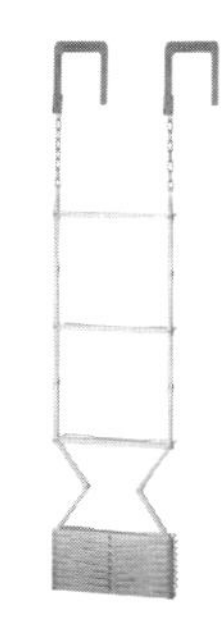

＜つり下げ式＞

②

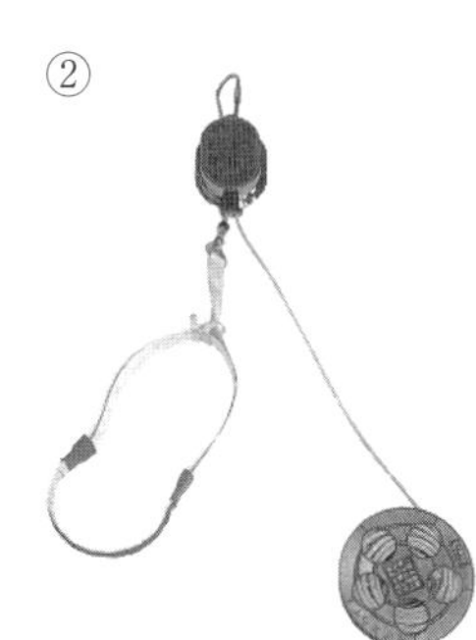

③

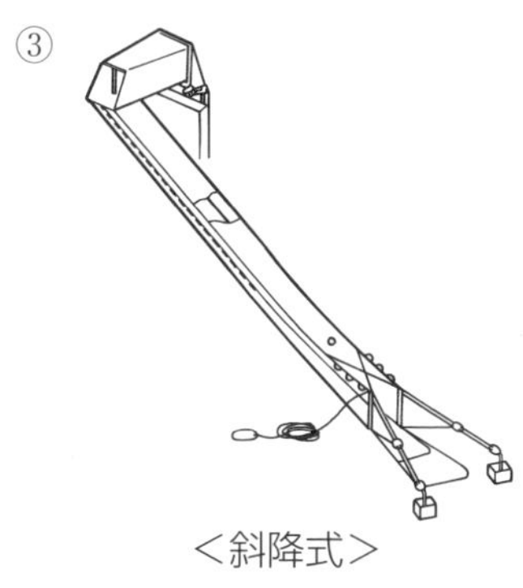

＜斜降式＞

＜垂直式＞

④

⑤

⑥

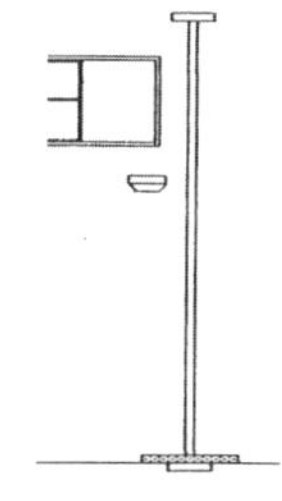

⑧

ここが攻略ポイントだ!!

●金属製避難はしご●

金属製避難はしごは「**金属製避難はしごの技術上の規格を定める省令**」により，構造及び機能に関する基準が定められています。

避難はしごの規格の要点を項目ごとに説明します。

1. 避難はしごの種類

◆固定はしご

常時，使用可能な状態で防火対象物に固定されているものをいい，次のような形式のものもあります。

収　納　式：平常時は縦棒の中に横桟を収納しておき，使用の際に横桟を設定した状態にして使用するもの。
伸　縮　式：下部が伸縮式で平常時は縮めた状態のもの。
折たたみ式：下部が折畳み式で平常時は折りたたまれているもの。

◆つり下げはしご

防火対象物に吊り下げて使用するはしごをいい，平常時は折りたたんだり，縮めたり，巻き収めた状態で格納箱に格納されて設置されています。

それぞれ**折たたみ式，伸縮式，ワイヤー式，チェーン式**といいます。

つり下げはしごのうち，避難器具用ハッチに使用可能な状態で格納される「避難ハッチ用つり下げはしご」があります。

◆立てかけはしご

非常の際に防火対象物に立てかけて使用するものをいい，**単一式，二連式，三連式，伸縮式，折たたみ式**があります。

「折たたみ防止装置」「縮梯防止装置」を備えており，使用中の不都合を防止する構造になっています。上部支持点には，「滑り止め」及び「転倒防止」のための安全装置を設けており，下部支持点には「滑り止め」を設けています。

収納式はしご

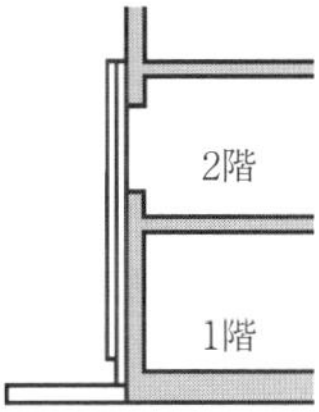

（操作例）

2階
1階
（収納時）

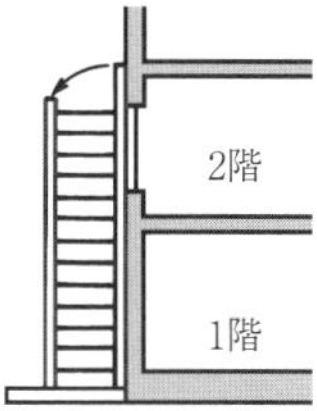

2階
1階
（設定時）

レバーを倒して止め金を外す。

・横桟が出る。

つり下げはしご

（取付例）

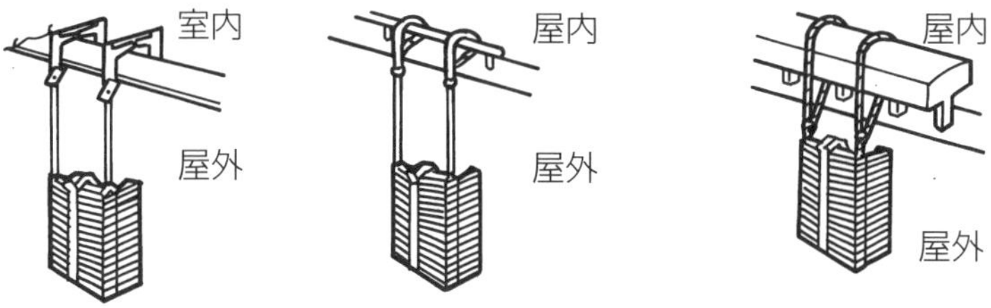

室内
屋外

屋内
屋外

屋内
屋外

伸長方法

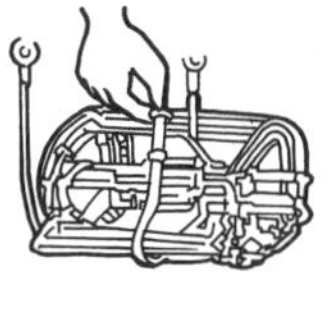

・収納バンドを外に向けて引いて放す。

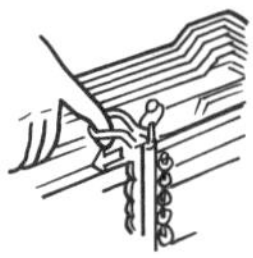

・止め金具（ピン）を引き抜く。

立てかけはしご

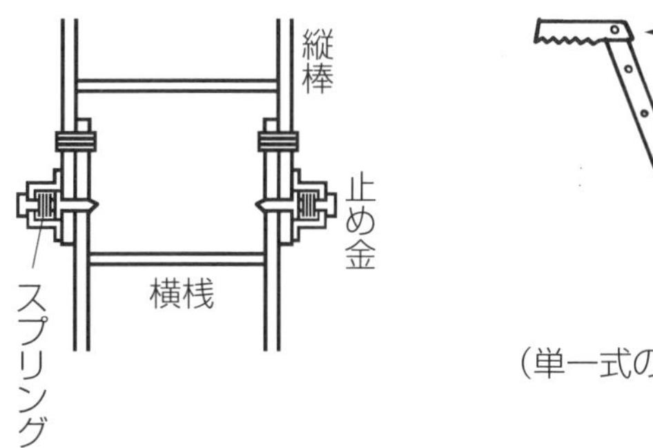

（折たたみ防止装置・縮てい防止装置）

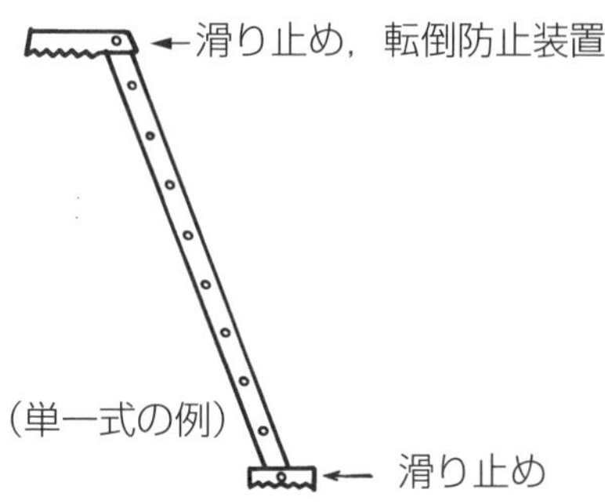

2．避難はしごの構造

避難はしごには，安全確保のために次のことが定められています。

(1) 一般的構造（①～⑦は確実に把握する!!）

① 安全・確実で容易に操作できる構造であること。

② **縦棒**及び**横桟**（よこさん）で構成されていること。

「固定式はしご」に限り，縦棒が1本でもよい。

つり下げはしごのワイヤロープ，チェーン，金属製の棒・板などは縦棒とする。

③ **縦棒の間隔**は内法寸法で**30 cm 以上50 cm 以下**とする。

④ **横桟の間隔**は**25 cm 以上35 cm 以下**とし，縦棒に**同一間隔**で取り付けること。

⑤ **横桟**は，**直径14 mm 以上35 mm 以下**の円形の**断面**又はこれと同等の握り太さの他の形状のものとする。（楕円形，角形などのものが一般的）

⑥ **横桟の踏面**には，**滑り止めの措置**を講じること。

⑦ 横桟は，使用の際，離脱及び回転しないものであること。

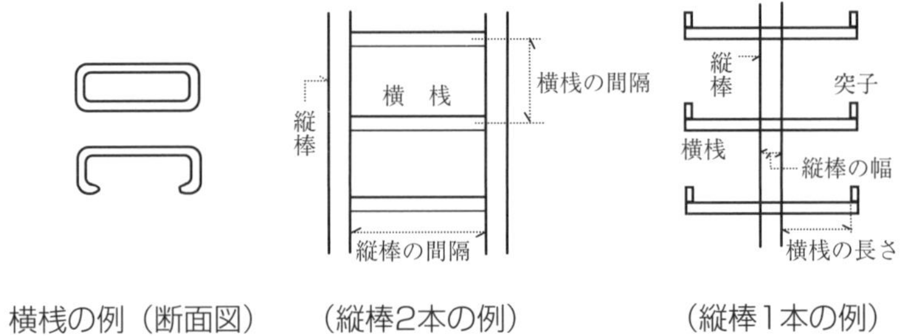

横桟の例（断面図）　（縦棒2本の例）　（縦棒1本の例）

(2) 個別の構造

◆固定はしご

・**収納式，伸縮式，折たたみ式**のもの。

① **上記（1）一般的構造の①～⑦に適合するものであること。**

② 振動その他の衝撃で止め金部分が外れないように，保安装置を設ける。

③ **2動作以内**で，はしごを使用可能な状態にできること。

・縦棒が1本のもの

① **一般的構造の①②④⑤⑥⑦に適合するものであること。**
② 縦棒がはしごの中心軸となるように，横桟を取り付ける。
③ **横桟の先端**に，縦棒の軸と平行に**長さ5 cm 以上**の横滑り防止の**突子**を設けること。
④ **縦棒の幅**は**10 cm 以下**とする。
⑤ **横桟の長さ**は縦棒から先端までの**内法寸法で15 cm 以上25 cm 以下**とする。

◆つり下げはしご

① **一般的構造の①～⑦に適合するものであること。**
② 縦棒の上端に，自在金具・丸かん・フックその他の吊り下げ金具を設けること。また，容易に外れない構造のものであること。
③ 使用の際，**防火対象物から10 cm 以上の距離を保有するための突子**（とっし）を横桟の位置ごとに設けること。

▶防火対象物から10 cm 以上の距離を保有できるものは必要ない。

▶**避難者の踏足が十分に横桟に掛けられるためのものです。**

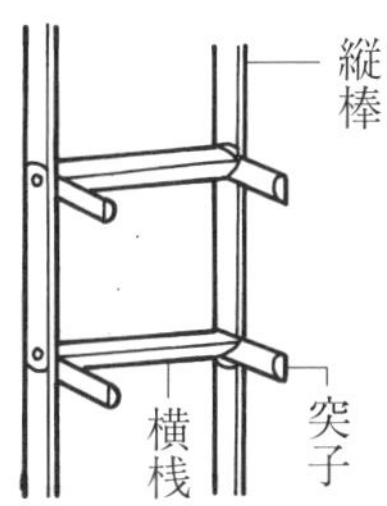

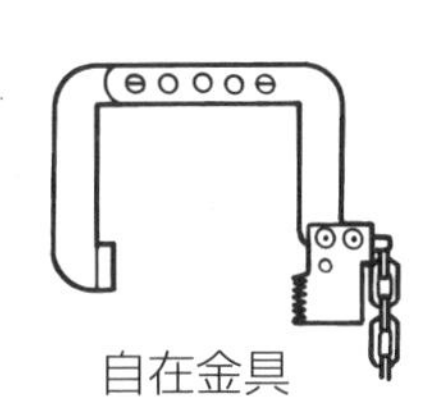

自在金具

なすかんフック

◆立てかけはしご

① **一般的構造の①～⑦に適合するものであること。**
② **上部支持点**には，**滑り止め**および**転倒防止**のための安全装置を設けること。（上部支持点：先端から60 cm 以内の任意の箇所をいう）
③ **下部支持点**には，**滑り止め**を設けること。
④ 折たたみ式のものは，使用の際に折りたたまらないよう，自動的に作動する「**折たたみ防止装置**」を設けること。
⑤ 伸縮式のものは，使用の際に自動的に作動する「**縮梯防止装置**」を設けること。

3．避難はしごの材料

避難はしごに用いる材料は，避難はしごの**強度・耐久性を確保**するために，下表のもの又はこれと同等以上の強度・耐久性を有するものと定められています。耐食性を有しないものは，耐食加工を施すことも規定されています。

【固定はしご・立てかけはしご】に用いる材料

部品名	材料（JIS：日本産業規格）
縦棒・横桟 補強材 支え材	JIS G 3101（一般構造用圧延鋼材） JIS G 3444（一般構造用炭素鋼鋼管） JIS H 4100（アルミニウム，アルミニウム合金押出形材）
縮てい防止装置 折たたみ防止装置	JIS G 3104（リベット用丸鋼） JIS G 3201（炭素鋼鍛鋼品） JIS G 5705（可鍛鋳鉄品）
フック	JIS G 3101（一般構造用圧延鋼材）
滑車	JIS G 5101（炭素鋼鋳鋼品） JIS H 5120（銅及び銅合金鋳物）
ボルト類	JIS G 3123（みがき棒鋼）
ピン類	JIS G 3104（リベット用丸鋼） JIS H 4040（アルミニウム，アルミニウム合金の棒・線）

【つり下げはしご】に用いる材料

部品名	材料（JIS：日本産業規格）
縦棒・突子	JIS G 3101（一般構造用圧延鋼材） JIS F 3303（フラッシュバット溶接アンカーチェーン） JIS G 3535（航空機用ワイヤロープ） JIS H 4000（アルミニウム，アルミニウム合金の板・条）
横桟	JIS G 3101（一般構造用圧延鋼材） JIS G 3123（みがき棒鋼） JIS G 3141（冷間圧延鋼板，鋼帯） JIS G 3444（一般構造用炭素鋼鋼管） JIS H 4000（アルミニウム，アルミニウム合金の板・条）
つり下げ金具	JIS G 3101（一般構造用圧延鋼材）
ボルト類	JIS G 3123（みがき棒鋼）
ピン類	JIS G 3104（リベット用丸鋼） JIS H 4040（アルミニウム，アルミニウム合金の棒・線）

※取付具はJIS G 3101，JIS G 3444，JIS G 3466，JIS G 3525のいずれかに適合するもの又は同等以上の強度・耐久性を有する材料とする。

※雨水等のかかる所では，一定のステンレスの使用が規定されている。

4．避難はしごの強度試験

避難はしごが安全かつ確実であるために，**強度試験**などいくつかの試験が行われます。

(1) 強度試験

① **縦棒**は，縦棒方向に次の**静荷重を加える試験**において，**永久ひずみを生じない**こと。かつ，**2倍の荷重を加えたときに亀裂・破損等を生じないこと**が定められている。

- 縦棒1本につき，2m又は端数ごとに500N（ニュートン）の圧縮荷重を加える試験（最上部の横桟から最下部の横桟までの間）
- 縦棒1本のもの
縦棒3本以上は中心の1本 ─ 1000Nの圧縮荷重を加える試験
- 縦棒にワイヤロープ，チェーンを用いるものは，750Nの引張荷重を加える試験

② **横桟1本**につき**中央7cmの部分に1000Nの等分布荷重**を加えたとき，**永久ひずみを生じないこと**。

③ **固定はしご**の収納式は，横桟を水平にして縦棒・横棒いずれにも直角となる方向に220Nの静荷重を加えたとき，**永久ひずみ・亀裂・破損**を生じないこと。（固定されない縦棒は上端・中央・下端に加重）

④ **立てかけはしごを水平にして**両端を架台で支え，**中央及びその左右2mの位置**に，それぞれ650Nの静荷重を垂直に加えたときに，永久ひずみ・亀裂・破損を生じないこと。

※はしごを100回，展開および収納の操作を繰り返す「繰返し試験」，塩水噴霧試験方法による「腐食試験」等もあります。

5．避難はしごの表示

避難はしごには，次の事項を見やすい箇所に容易に消えないように表示することが定められています。

① 種別　・区分　・製造者名又は商標　・製造年月　・製造番号

② 型式番号　・長さ　・自重（立てかけはしご，つり下げはしご）

③ ハッチ用つり下げはしごは「ハッチ用」という文字

6．設置・維持の基準

避難はしごの**設置及び維持の基準**は次のように定められています。

① 避難はしご又は取付け具は，防火対象物の柱・床・はり・その他構造上堅固な部分，又は堅固に補強された部分に取り付けること。

② ボルト締め・埋込み・溶接・その他の方法で堅固に取付けること。

③ つり下げはしごを，堅固な窓台・その他これに類するものに直接つり下げる場合は，取付け具は設けなくてよい。

④ 横桟は**防火対象物から10 cm 以上の距離を保有**するように設ける。

⑤ **降下口の大きさ**は，**直径50 cm 以上**の円が内接する大きさとする。

⑥ **4階以上の階**に「固定はしご」「つり下げはしご」を設ける場合は金属製とし，安全かつ容易に避難できる構造のバルコニー等に設ける。
また，取付け具を設ける場合は，避難器具用ハッチとする。

⑦ 避難はしごの降下口は，**直下階の降下口と相互に同一垂直線上にない位置**に設けること。（避難上・安全上，支障のないものは除く）

⑧ 避難器具用ハッチに格納する金属製避難はしごは，「**ハッチ用つり下げはしご**」とし，常時使用できる状態で格納すること。

⑨ 開口部の下端は床面から1.2 m 以下とする。但し，避難上支障のない固定又は半固定のステップを用いる場合はこの限りではない。

⑩ 開口部の窓・扉等は，原則として使用中に閉鎖しない措置をする。

⑪ 避難器具用ハッチは，手すりその他の転落防止のための措置を講じたバルコニー等，外気に接する部分の床に設けること。

⑫ 避難はしごの**最下部の横桟から降着面までの距離**は**0.5 m 以下**とする。

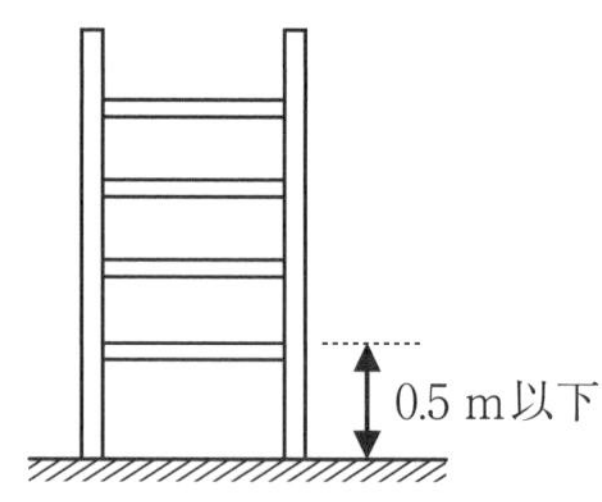

7．設置上の開口部・空間

「避難はしご」を安全・確実・容易に使用するために必要な開口部，操作面積，降下空間，避難空地は，次のようになります。

（1）開口部

窓など「避難器具の設置に必要な開口部」のこと。

① 壁面に設ける場合

高さ0.8 m 以上，幅0.5 m 以上

又は**高さ1 m 以上，幅0.45 m 以上**

② 床面に設ける場合

直径0.5 m 以上の円が内接する大きさとする。

（緩降機，避難ロープ，すべり棒も同じ基準）

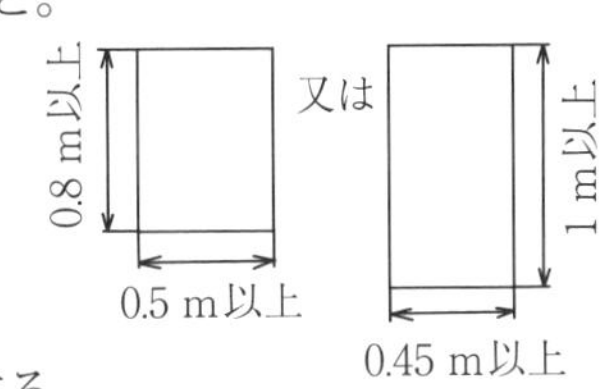

（2）操作面積

避難器具の操作に必要な取付け部の面積

① **0.5 m²以上の面積で，一辺が0.6 m 以上**で当該避難はしごの操作に支障のないもの。

（当該器具の水平投影面積を除く）

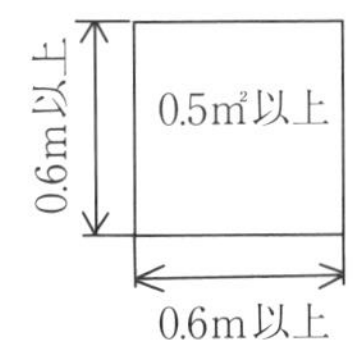

（3）降下空間

設置階から降着面等までの避難器具周囲に保有すべき空間

① 縦棒の中心から，それぞれ外方向へ

0.2 m 以上及び器具の前面から

0.65 m 以上の角柱形の範囲

（縦棒が1本の場合は，横桟の端からとする）

② 避難器具用ハッチに収納したもの

ハッチ開口部から降着面まで，ハッチの開口部面積以上を有する角柱形の範囲

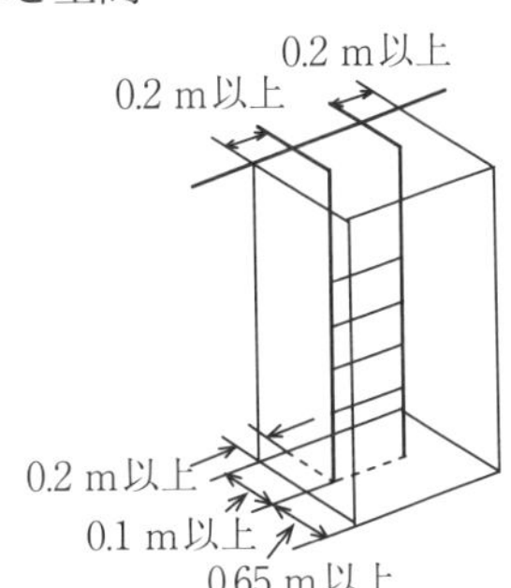

（4）避難空地

安全に避難するために，降着面等の付近に保有すべき空間

① 降下空間の水平投影面積以上の面積

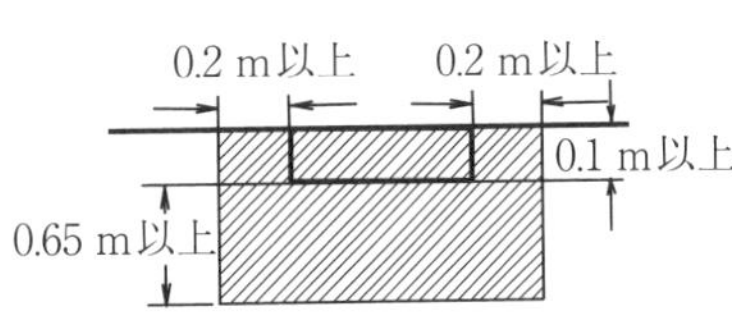

8．避難器具用ハッチ

避難器具用ハッチとは，金属製避難はしご・救助袋等の避難器具を常時使用できる状態で格納することができるハッチをいいます。

床又は**バルコニー等**に埋め込む方法で設置されます。

認定の対象品で，全国避難設備工業会の認定合格証が貼付されています。

「避難器具の設置及び維持に関する技術上の基準の細目」において，避難器具用ハッチ（避難ハッチ）の詳細が定められています。

（1）避難ハッチの構造

① 板厚は1.2 mm 以上とし，取付金具の固定部は3 mm 以上とする。
② ボルト・ナット等には**緩み止めの措置**を講じること。
③ ボルト・ナットなどは，使用者に損傷を与えるおそれのないこと。
④ アンカーにより取付けるものは，**固定箇所を 4 箇所以上**とする。
⑤ **本体の上端**は，**床面から1 cm 以上の高さ**とする。
⑥ 有効**開口部**は，**直径0.5 m 以上の円が内接する大きさ以上**とする。
⑦ **3 動作以内**で，容易・確実に避難器具を展張できること。
⑧ 屋外に設置するものには，下ぶたを設けること。

【上ぶたの基準】（おおむね180度開くものを除く）

- 蝶番等を用いて本体に固定し，容易に開けることができること。
- おおむね90度の開放状態でふたを固定でき，なんらかの操作をしなければ閉鎖しないこと。
- 上ぶたには「**手かけ**」を設けること。

【下ぶたの基準】

- **直径6 mm 以上の排水口**を **4 個以上**設ける。又は，これと同等以上の面積の排水口を設けること。
- **足掛け**を設ける場合は，本体に固定し，「**すべり止め**」の措置を講じること。
- 下ぶたが開いた場合の下端は，避難空地の床面上1.8 m 以上の位置とする。

(2) 避難ハッチの材質

① **ステンレス鋼**，又は同等以上の強度・耐食性の不燃材料とする。

② 本体等には，**オーステナイト系**のステンレス（SUS 304）以上の性能を有する材料の使用が規定されている。

※ステンレスの一種にオーステナイト系と呼ばれるものがあります。

この種は，熱処理において変態しにくく，常温でも状態を維持し，高温で強度が高く，低温でも脆くなりにくい性質があります。また，耐食性・耐酸化性にも優れています。

(3) 避難ハッチの表示

避難器具用ハッチには，次の事項を見やすい箇所に容易に消えないように表示することが定められています。

・避難器具用ハッチである旨の表示　・製造者名　・製造年月
・使用方法　・取扱上の注意事項

(4) 避難ハッチの構造

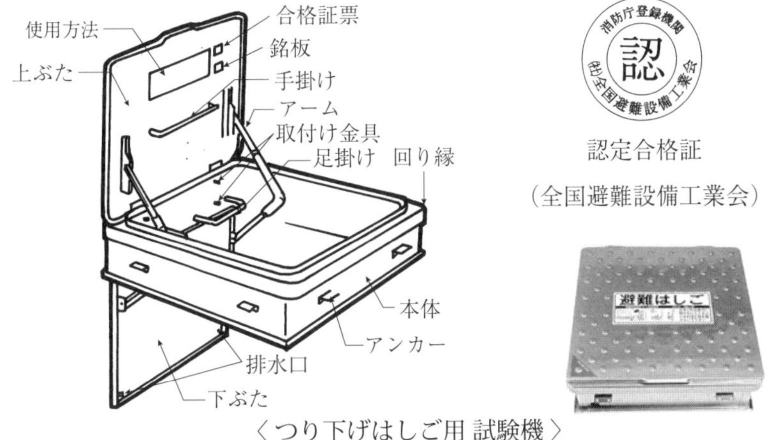

認定合格証
（全国避難設備工業会）

〈つり下げはしご用 試験機〉

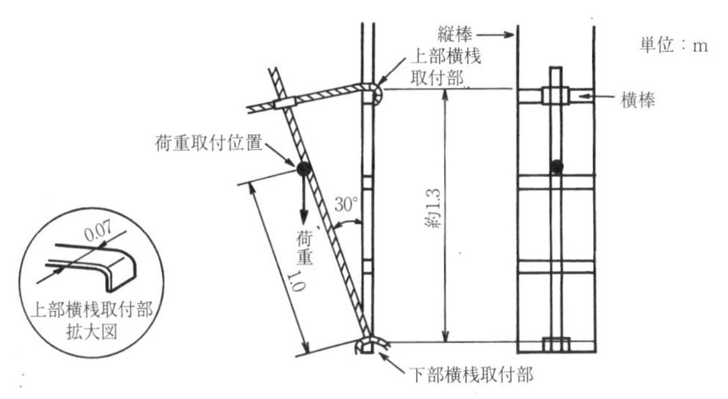

解いてみよう!! よく出る問題

1. 金属製避難はしご

問題1 **避難はしごについての記述のうち，誤っているものは次のうちどれか。**

(1) 避難はしごは安全，確実，容易に使用できるものであること。
(2) 避難はしごは，縦棒及び横桟で構成されるものであること。
(3) つり下げはしごと防火対象物の壁面との間隔を10 cm 以上保有するための横桟を設けること。
(4) 固定式はしごのうち，収納式，折りたたみ式，伸縮式のものは2動作以内で使用可能な状態となる構造をしていること。

解き方と解説 (P.70，71参照)

「金属製避難はしごの技術上の規格を定める省令」において，設問の(1)(2)(4)のとおり定めていますので，それらは正しい記述となります。

(3)が誤りです。避難はしごと防火対象物との距離を10 cm 以上保有するためのものとして**突子**（とっし）が横桟の位置ごとに設けられます。

突子は，**避難者の踏足が十分に横桟に掛けられる**ための間隔を確保するために設けられます。

解答(3)

問題2 **次のうち，「つり下げはしご」に必要のないものはどれか。**

(1) 自在金具　(2) 折たたみ防止装置
(3) 収納バンド　(4) なすかんフック

解き方と解説 (P.70，71参照)

(1)(4)：吊り下げ金具，(3)：つり下げはしごを巻き取って格納する際に用いるもので，いずれもつり下げはしごに関りがあります。

(2)は，立てかけはしごの2連式・3連式のものが使用中に「折たたまる」ことを防止する装置です。従って，解答は(2)となります。

解答(2)

問題3 **金属製避難はしごについての記述のうち，誤っているものはどれか。ただし，縦棒が1本のものを除く。**

(1) 縦棒の間隔は内法寸法で30 cm 以上50 cm 以下とする。
(2) 横桟から防火対象物までの距離は10 cm 以上であること。
(3) 横桟の間隔は，20 cm 以上30 cm 以下とし，縦棒に同一間隔で取付ける。
(4) 横桟は直径14 mm 以上35 mm 以下の円形の断面又はこれと同等の握り太さの形状のものとする。

解き方と解説 (P.70，71参照)

避難はしごの規格省令の規定のうち，最も**基本的**かつ**重要な部分**ですので**確実に把握しておく必要があります**。規格省令では次のように定めています。

① **縦棒の間隔**は内法寸法で**30 cm 以上50 cm 以下**とする。
② **横桟の間隔**は**25 cm 以上35 cm 以下**，縦棒に**同一間隔**で取付ける。
③ **横桟**は，**直径14 mm 以上35 mm 以下**の円形の**断面**又はこれと同等の握り太さの他の形状のものとする。
　※円形は滑りやすいので，実際は楕円形，角型等が使用されています。
④ **横桟の踏面**には，**滑り止めの措置**を講じること。
⑤ **横桟**は，使用の際，**離脱及び回転しない**ものであること。

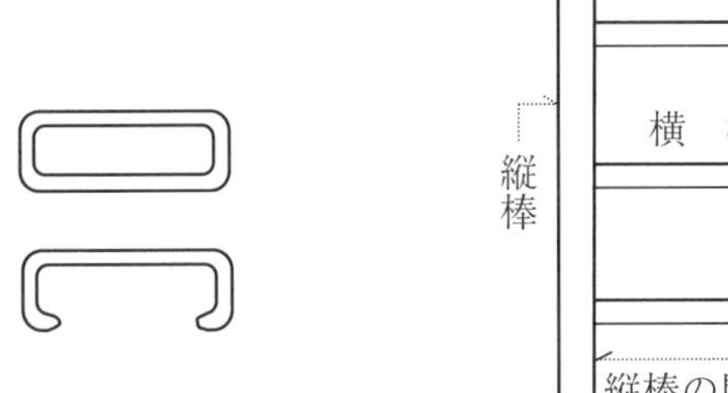

横桟の形状例（断面図）　　縦棒2本の例

上記より，(3)が誤りとなります。

解答(3)

※検定合格証は最上段の横桟部分に貼付されています。

問題 4　**避難はしごについての記述のうち，誤っているものは次のうちどれか。**

⑴　つり下げはしごは，使用の際に防火対象物から10 cm 以上の距離を保有するための突子を横桟の位置ごとに設けること。

⑵　立てかけはしごは，上部支持点に滑り止めを，下部支持点に転倒防止のための安全装置を設ける。

⑶　縦棒が 1 本の固定はしごは，横桟の先端に縦棒の軸と平行に長さ5 cm 以上の横滑り防止の突子を設けること。

⑷　収納式固定はしごは，振動その他の衝撃で止め金部分が外れないように，保安措置を設けること。

解き方と解説

（P.70，71参照）

避難はしごの個々の基準を確認するための問題です。

⑴：○　**避難者の踏足が十分に横桟に掛けられるよう**，防火対象物との間隔を10 cm 以上離すための**突子**がつり下げはしごに設けられます。

⑵：×　**上部支持点**には**滑り止め**および**転倒防止**のための安全装置を，**下部支持点**には**滑り止め**を設けることが定められています。転倒防止装置は，上部支持点に設けられる装置です。

⑶：○　縦棒が 1 本の固定はしごには，避難者の足が横滑りをして事故を招かないように横桟の先端に**滑り止めの突子**を設ける規定です。

⑷：○　固定はしごのうち，収納式・伸縮式・折たたみ式のものの不時の作動を防止するための保安装置の規定です。

解答 ⑵

［注］！避難はしごの突子といえば，はしごと防火対象物との間隔を10 cm 以上確保するためのものですが，⑶のような滑り止めの突子もあります。

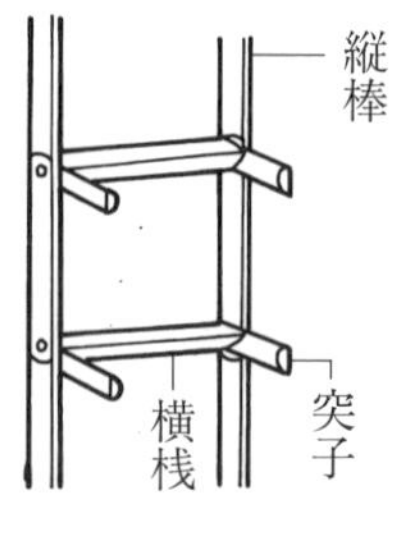

（縦棒2本の例）

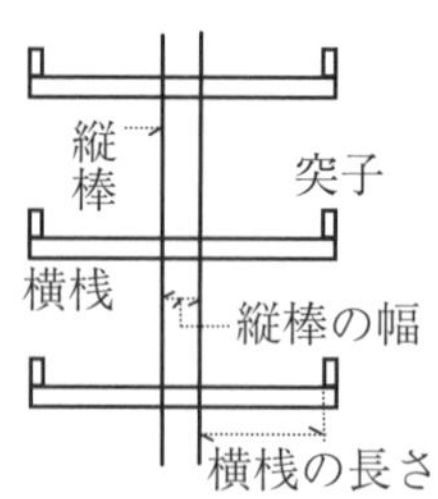

（縦棒1本の例）

問題5　**つり下げ式はしごの各部分とその材料との組合わせのうち，規格省令上，誤っているものはどれか。**

(1)　縦　棒……航空機用ワイヤロープ
(2)　横　桟……一般構造用炭素鋼鋼管
(3)　ボルト……アルミニウム合金の棒
(4)　ピン類……リベット用丸鋼

解き方と解説　(P.72参照)

避難はしごに用いる材料は，避難はしごの**強度・耐久性を確保**するために，下表のもの又はこれと同等以上の強度・耐久性を有するものとし，耐食性を有しないものは耐食加工を施すことが定められています。

【つり下げはしご】に用いる材料

部品名	材料（JIS：日本産業規格）
縦棒・突子	JIS G 3101（一般構造用圧延鋼材） JIS F 3303（フラッシュバット溶接アンカーチェーン） JIS G 3535（航空機用ワイヤロープ） JIS H 4000（アルミニウム，アルミニウム合金の板・条）
横桟	JIS G 3101（一般構造用圧延鋼材） JIS G 3123（みがき棒鋼） JIS G 3141（冷間圧延鋼板，鋼帯） JIS G 3444（一般構造用炭素鋼鋼管） JIS H 4000（アルミニウム，アルミニウム合金の板・条）
つり下げ金具	JIS G 3101（一般構造用圧延鋼材）
ボルト類	JIS G 3123（みがき棒鋼）
ピン類	JIS G 3104（リベット用丸鋼） JIS H 4040（アルミニウム，アルミニウム合金の棒・線）

固定はしご・立てかけはしごに用いる材料についても定めがあります。
(3)ボルトは「みがき棒鋼」を使用する必要があり，誤りとなります。

解答(3)

問題6　**避難はしごに静荷重を加える試験の記述について，A及びBに入る数字又は文字の組み合わせとして，正しいものはどれか。**

☆縦棒の方向について縦棒1本につき，2m又は端数ごとに［A］Nの圧縮荷重を加える試験において，［B］を生じないこと。

	A		B
(1)	500	……	永久ひずみ
(2)	800	……	亀裂，損傷等
(3)	1200	……	永久ひずみ
(4)	1400	……	亀裂，損傷等

解き方と解説　(P.73参照)

避難はしごは安全確保のために，強度試験が行われます。設問は，縦棒の試験に関する例で，次のように規定されています。

「**縦棒**は，縦棒方向に縦棒1本につき2m又は端数ごとに500Nの圧縮荷重を加える試験において，**永久ひずみを生じない**こと。」

したがって，(1)が正解となります。

解答(1)

問題7　**避難はしごに表示すべき事項のうち，固定はしごには表示しなくてよいものは，次のうちどれか。**

(1)　種　別　　(2)　自　重　　(3)　製造年月　　(4)　製造番号

解き方と解説　(P.73参照)

避難はしごには，次の事項を見やすい箇所に容易に消えないように表示することが義務付けられています。

・種別　・区分　・製造者名又は商標　・製造年月　・製造番号

・型式番号　・長さ　・自重（立てかけはしご，つり下げはしご）

・ハッチ用つり下げはしごは「ハッチ用」という文字

重量の表示は**立てかけ・つり下げ**等の操作を伴うはしごです。

解答(2)

問題8　避難はしごの設置についての記述のうち，誤っているものは，次のうちどれか。

(1) 降下口は直下階の降下口と相互に同一垂直線上にない位置に設ける。

(2) 4階以上につり下げはしごを設けるときは金属製のものとし，取付け具は自在金具を用いるものとする。

(3) 防火対象物の柱，床，はり，その他堅固な部分又は堅固に補強された部分に取付ける。

(4) 設置又は格納する場所には，見やすい箇所に「避難器具である旨」及び「使用方法」を表示する標識を設ける。

解き方と解説 (P.74参照)

設置維持上の主な基準は，次のとおりです。

① 避難はしご，取付け具は，防火対象物の柱・床・はり・その他構造上堅固な部分，又は堅固に補強された部分に取り付けること。

② 横桟は，防火対象物から**10 cm 以上の距離**を保有するように設ける。

③ **降下口の大きさ**は，**直径50 cm 以上**の円が内接する大きさであること。

④ **4階以上の階**に「固定はしご」「つり下げはしご」を設ける場合は，金属製とし，安全かつ容易に避難できる構造のバルコニー等に設けること。また，**「つり下げはしご」の取付け具は避難器具用ハッチ**とすること。

⑤ 固定はしごの降下口は，直下階の降下口と相互に**同一垂直線上にない位置**に設けること。（避難上・安全上，支障のないものは，この限りではない）

⑥ **最下部の横桟から降着面までの距離**は**0.5 m 以下**とする。

4階以上の階に「つり下げはしご」を設ける場合の取付け具は，避難器具用ハッチとしなければなりません。(2)が誤りとなります。

解答 (2)

問題9　**避難はしごの取付け部の操作面積についての記述のうち，正しいものは次のどれか。**

(1)　避難はしごの水平投影面積を除いた面積が0.5 m²以上で，一辺が0.6m 以上とする。

(2)　避難はしごの水平投影面積を除いた高さ1 m 以上，幅0.45 m 以上で構成される面積とする。

(3)　避難はしごの水平投影面積を含む面積が0.6 m²以上で，一辺が0.6 m 以上とする。

(4)　避難はしごの水平投影面積を含み高さ1 m 以上，幅0.6 m 以上で構成される面積とする。

解き方と解説　(P.75参照)

避難器具を安全・確実・容易に使用するためには，適正な開口部，操作面積，降下空間，避難空地が確保されていなければなりません。

操作面積とは，**避難器具の操作に必要な取付け部の面積**をいいます。

(1)：○　「避難器具の設置及び維持に関する技術上の基準の細目」において定めています。器具の水平投影面積を除いた面積に注意！

(2)：×　高さ1 m 以上，幅0.45 m 以上は，開口部の大きさです。

(3) (4)：×　避難はしごの水平投影面積を含む面積，この時点で×です。

したがって，(1)が正解となります。

解答 (1)

【避難はしごの操作面積】

0.5 m²以上の面積で，一辺が0.6 m 以上で，当該避難はしごの操作に支障のないもの。
（当該器具の水平投影面積を除く）

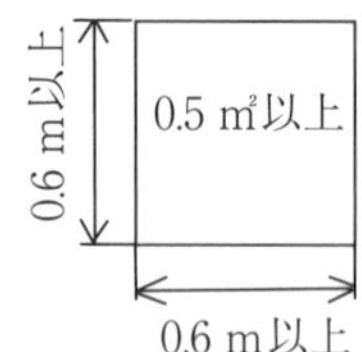

2．避難器具用ハッチ

問題10 **避難器具用ハッチについての記述のうち，誤っているものは次のどれか。**

(1) アンカーにより取付けるものは，固定箇所を4箇所以上とする。
(2) 3動作以内で，容易，確実に避難器具を展張できること。
(3) 屋外に設けるものは，直径6 mm 以上の排水口を4個以上設ける。又は，これと同等以上の面積の排水口を設けること。
(4) 有効な開口部は，直径0.7 m 以上の円が内接する大きさ以上とする。

解き方と解説 (P.76参照)

避難器具用ハッチは，金属製避難はしご・救助袋等の避難器具を，常時使用できる状態で格納することができるハッチをいいます。

ベランダや**バルコニー**などの**床**に埋め込む方法で設置されます。

「避難器具の設置及び維持に関する技術上の基準の細目」において，避難ハッチの詳細が定められています。

(1)：○　安全確実のため，**取付箇所は4箇所以上**と定められています。
(2)：○　避難ハッチの開放操作，安全確認の後に避難器具の展開操作等があることから，**3動作以内**となっています。
(3)：○　雨水の浸入による避難器具の**腐食を避ける**ための規定です。
(4)：×　正しくは，**直径0.5 m 以上**の円が内接する大きさです。

したがって，(4)が誤りとなります。　解答(4)

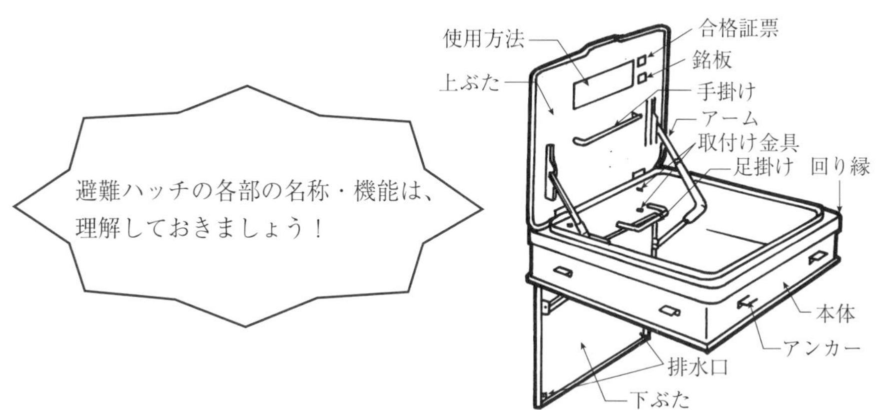

ここが攻略ポイントだ!!

●緩降機●

緩降機（かんこうき）は，使用者が他人の力を借りずに**自重により**自動的に連続交互に**降下することができる**機構を有するものをいい，構造・機能・規格は**「緩降機の技術上の規格を定める省令」**により定められています。

調速器・調速器の連結部・ロープ・着用具から構成され，この他の部品として緊結金具・リール・取付け具があります。

降下速度は調速器により**自動的に調整**され，**毎秒16 cm 以上150 cm 以下**と規定されています。

1．緩降機の種類

緩降機は，使用時に取付け具に取り付けて使用する**可搬式緩降機**と，常時取付け具に固定されている**固定式緩降機**があるが，設置されている緩降機のほとんどが「可搬式」です。

【緩降機の例】

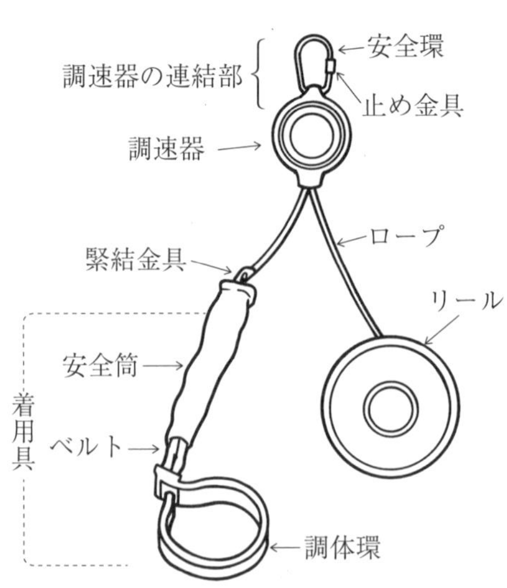

【着用具の例】

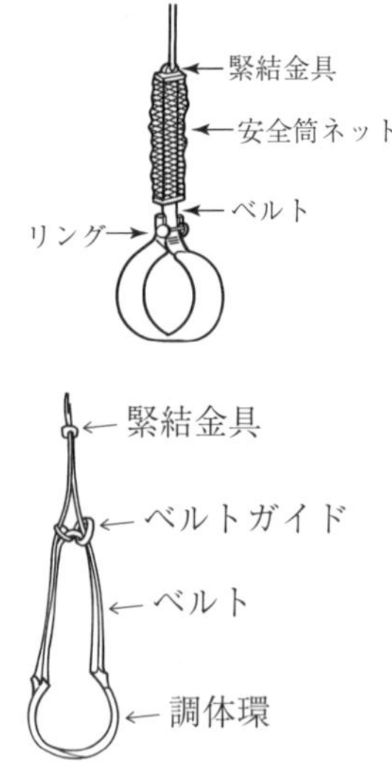

2．構造・機能・規格

緩降機は避難方法が非常に危険なことから，各部の構造・機能・強度などが重要な要素となります。各部については確実に把握しましょう。

(1) 一般的構造

① 緩降機は使用上安全であり，かつ，使用中に分解・損傷・変形を生ずるおそれがないこと。

② 緩降機は，**調速器・調速器の連結部・ロープ・着用具**から構成されていること。

(2) 各部の構造

【調 速 器】…**降下速度を一定範囲に調節する装置**のこと。

① 堅牢かつ耐久性があること。

② 常時分解掃除等を行わなくても作動すること。

③ 降下時に発生する熱によって機能に異常を生じないこと。

④ 降下時にロープを損傷しないこと。

⑤ 機能に異常を生じさせるおそれのある「砂」その他の異物が容易に入らないよう措置されていること。

⑥ カバーが堅固な構造であること。

⑦ ロープが調速器のプーリー等から外れない構造であること。

※調速方式には，歯車式・遊星歯車式・油圧式があります。

【調速器の連結部】…**取付け具と調速器を連結する部分**をいう。

① 使用中に，分解・損傷・変形を生じないこと。

② 使用中に，調速器が離脱しないこと。

③ 調速器の連結部は取付け具に確実に結合され，緩降機の自重及び使用者の降下荷重を安全に支えるものであること。

【ロープ】…**使用者の荷重を調速器に伝え，安全に降下させるもの**。

① 芯に外装を施し，かつ，全長を通じ均一な構造であること。

② 降下時に使用者を著しく旋転させるねじれ，又は機能に支障を及ぼすおそれのある損傷を生じないこと。

③ 外装を金剛打ちとしたものとする。又は，これと同等以上のねじれを生じない構造とする。

④ ロープの両端は離脱しない方法で緊結金具に連結させること。

【着 用 具】…**使用時に使用者の身体を保持する用具**をいう。

① 容易に着用することができること。

② 着用する際には，使用者の身体の定位置を，操作を加えることなく確実に保持すること。

③ 着用して使用する際に使用者から外れず，緩まないこと。

④ 取り外す操作をした場合，容易に取り外すことができること。

⑤ 降下時に使用者が監視及び動作する上で支障を生じないこと。

⑥ 使用者に損傷を与えるおそれがないこと。

⑦ ロープの両端に，着用具を離脱しない方法で連結してあること。

⑧ 着用具のうち，ベルトは，ほつれが続けて生じないこと。

【緊結金具】…**ロープと着用具を連結する金具**のこと。

① ロープと着用具を離脱しない方法で連結してあること。

② 使用中に離脱・分解・損傷・変形を生じないこと。

③ 使用者に損傷を与える恐れが無いこと。

【リール】…**ロープ及び着用具を収納のために巻き取る用具**をいう。

① ロープ及び着用具が円滑に展長できるように，巻き取れること。

② 使用者に損傷を与えるおそれがないこと。

3．緩降機の材料

緩降機に用いる材料は，下表のもの又はこれと同等以上の強度及び耐久性を有するものとすることが定められています。

また，耐食性を有しないものは耐食加工を施したものとされています。

【緩降機】に用いる部品の材料

部品名		材　料（JIS：日本産業規格）
ロープ	しん	JIS G 3525（ワイヤロープ）に適合し，耐食加工したもの
	外装	綿糸又はポリエステルのもの
ベルト		綿糸又はポリエステルのもの
リング・安全環 緊結金具		JIS G 3101（一般構造用圧延鋼材）耐食加工したもの
リベット		JIS G 3104（リベット用丸鋼）耐食加工したもの

4．緩降機の強度試験

(1) 最大使用荷重

緩降機を使用する際に，緩降機に加えることができる最大の荷重を**最大使用荷重**といい，**最大使用者数×1000 N 以上の値**とされています。

1回で降下できる人数を最大使用者数というが，現在は1人用のみしか製造されていないので，1名ということになります。

(2) 緩降機の試験

緩降機は，安全な降下速度が確保されなければならないことから，各種の試験が行われ，強度及び性能が確認されます。

基本的に試験は，周囲温度10 ℃以上30 ℃以下の条件で行います。

【強度試験】

① 緩降機の降下方向に，着用具に最大使用荷重の3.9倍に相当する静荷重を加えて5分間保持した場合，次に適合すること。

▶調速器・調速器の連結部・リング・緊結金具は，分解・破損・著しい変形を生じないこと。

▶ロープは，破断又は著しい損傷を生じないこと，かつ，着用具又は緊結金具から離脱しないこと。

② ベルトは，最大使用荷重の6.5倍の引張荷重を加えて5分間保持した場合，破断又は著しい変形を生じないこと。

【降下速度試験】

① 緩降機の降下速度は，試験高度に緩降機を取り付け，着用具の一端に荷重を加えて降下させた場合，次の1又は2に適合すること。

1　250 N，650 N に最大使用者数を乗じた値に相当する荷重及び最大使用荷重に相当する荷重を左右交互に加え，左右連続して1回降下させた場合，いずれも**毎秒16 cm 以上150 cm 以下**であること。

2　650 N に最大使用者数を乗じた値に相当する荷重を左右交互に加えて，左右連続してそれぞれ10回降下させた場合，いずれも20回の平均降下速度の80 %以上120 %以下であること。

［試験高度］…ロープの長さを最大限に使用する高さのことで，ロープの長さが15 m を超えるものは15 m の高さをいいます。

【含水降下試験】

ロープを水に１時間浸した後，直ちに試験高度に緩降機を取り付け，前記②の規定荷重を左右交互に加えて，左右連続して１回降下させた場合に，いずれも降下速度が ② に規定する平均降下速度の80％以上120％以下であり，かつ機能・構造に異常を生じないこと。

【低温試験・高温試験】

－20℃及び50℃に24時間放置した後，直ちに試験高度に緩降機を取り付けて前記①の試験を行う。

降下速度が規定の範囲内であり，機能・構造に異常を生じないこと。

【繰返し試験】

試験高度に緩降機を取り付け，着用具の一端に最大使用荷重に相当する荷重を左右交互に加え，左右連続してそれぞれ10回降下させることを１サイクルとして５回繰り返した後，前記 ① の試験を行う。

降下速度が規定の範囲内であり，機能・構造に異常を生じないこと。

【落下衝撃降下試験】

調速器から降下側のロープを25cm引き出し，次にロープを引き上げ着用具に最大使用荷重を加えて繰り返し５回落下させ，この後，前記①の試験を行う。

降下速度が規定の範囲内であり，機能・構造に異常を生じないこと。

【落下試験】

可搬式緩降機は，調速器を硬く弾力性のない平滑な水平面に，床上1.5ｍの高さから連続５回落下させた後，前記 ① の試験を行う。

降下速度が規定の範囲内であり，機能・構造に異常を生じないこと。

【腐蝕試験】

JIS Z 2371（塩水噴霧試験方法）に定める試験方法により塩水を８時間噴霧した後に16時間放置することを１サイクルとして５回繰り返した後，24時間自然乾燥をさせ，前記 ① の試験を行う。

降下速度が規定の範囲内であり，機能・構造に異常を生じないこと。

5．緩降機の表示

緩降機には，次の事項を**見やすい箇所**に**容易に消えないように表示**をしなければならない。

・型　式　・型式番号　・ロープ長　・最大使用荷重
・最大使用者数　・製造者名又は商標　・製造年月
・製造番号　・取扱上の注意事項

6．設置・維持の基準

① 降下の際ロープが防火対象物と接触して損傷しないように設ける。
② **壁面から**ロープの中心まで**0.15 m 以上0.3 m 以下の間隔**をとる。
③ 緩降機をつり下げるフックの**取付位置**は，**床面から1.5 m 以上～1.8 m 以下の高さ**とする。
④ 緩降機の**ロープの長さ**は，**取付位置から降着面までの長さ**とする。又は，着用具の下端が**降着面から±0.5 m の位置**となる長さとする。
⑤ 取付け具は，柱・床・はり・その他構造上堅固な部分又は堅固に補強された部分に，ボルト締め，溶接等の方法で堅固に取り付ける。
⑥ ボルト等の適正な締付けを確保するためにトルクレンチを用いる。
⑦ 複数の緩降機を設置する場合は，器具相互の中心を**0.5 m まで近接**させることができる。
⑧ 可搬式緩降機の**調速器の質量は10 kg以下**であること。
⑨ 緩降機のリールには，定められた「シール」が貼付されていること。

<シールの例>

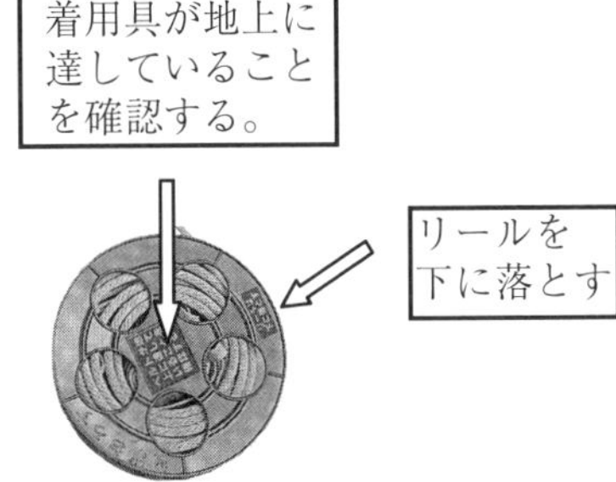

<取付具の例>

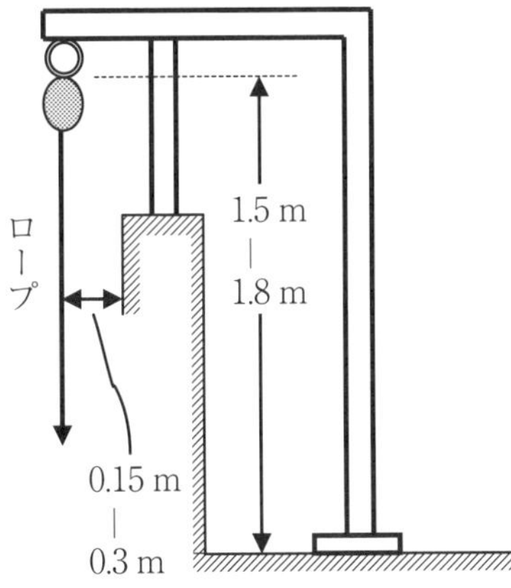

7．設置上の開口部・空間

「**緩降機**」を安全・確実・容易に使用するために必要な，開口部，操作面積，降下空間，避難空地は，次のようになります。

（1）開口部

窓など「避難器具の設置に必要な開口部」のこと。

① 壁面に設ける場合

高さ0.8 m 以上，幅0.5 m 以上

又は**高さ1 m 以上，幅0.45 m 以上**

② 床面に設ける場合

直径0.5 m 以上の円が内接する大きさとする。

（避難はしご，避難ロープ，すべり棒も同じ基準）

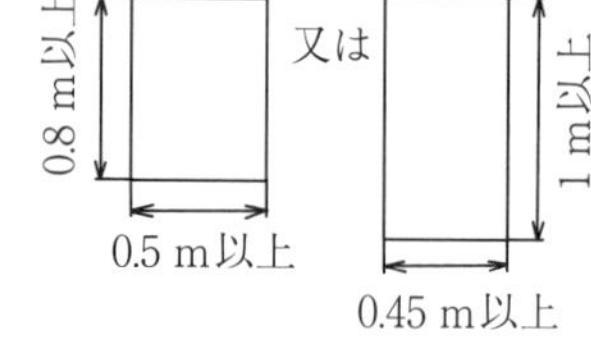

（2）操作面積

避難器具の操作に必要な取付け部の面積

0.5 m²以上の面積で，一辺が0.6 m 以上で，当該緩降機の操作に支障のないもの。

（当該器具の水平投影面積を除く）

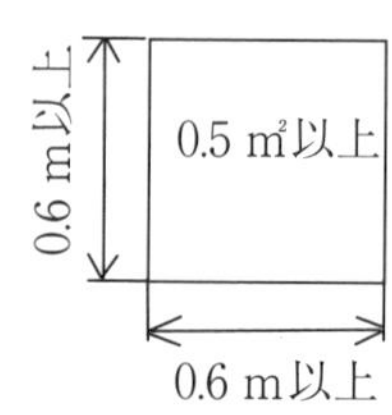

（3）降下空間

設置階から降着面等までの避難器具周囲に保有すべき空間

①器具を中心として半径0.5 m の円柱形に包含される範囲以上の空間を確保する。

②降下空間に突起物を設けることができる場合。

＊0.1 m 以内の避難上支障のない場合

＊0.1 m を超える場合でも，ロープを損傷しない措置をした場合

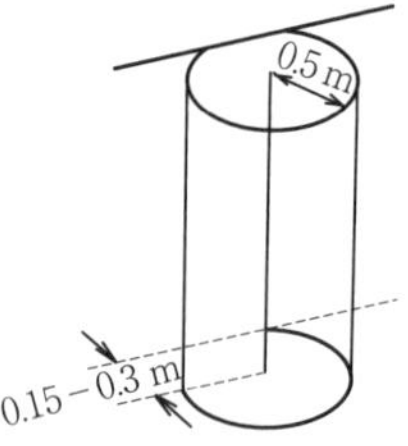

（4）避難空地

安全に避難するために，降着面等の付近に保有すべき空間

①降下空間の水平投影面積以上の面積

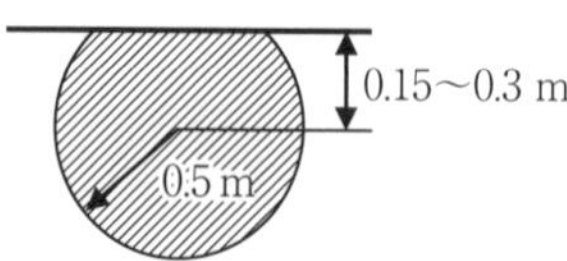

8．緩降機の操作方法

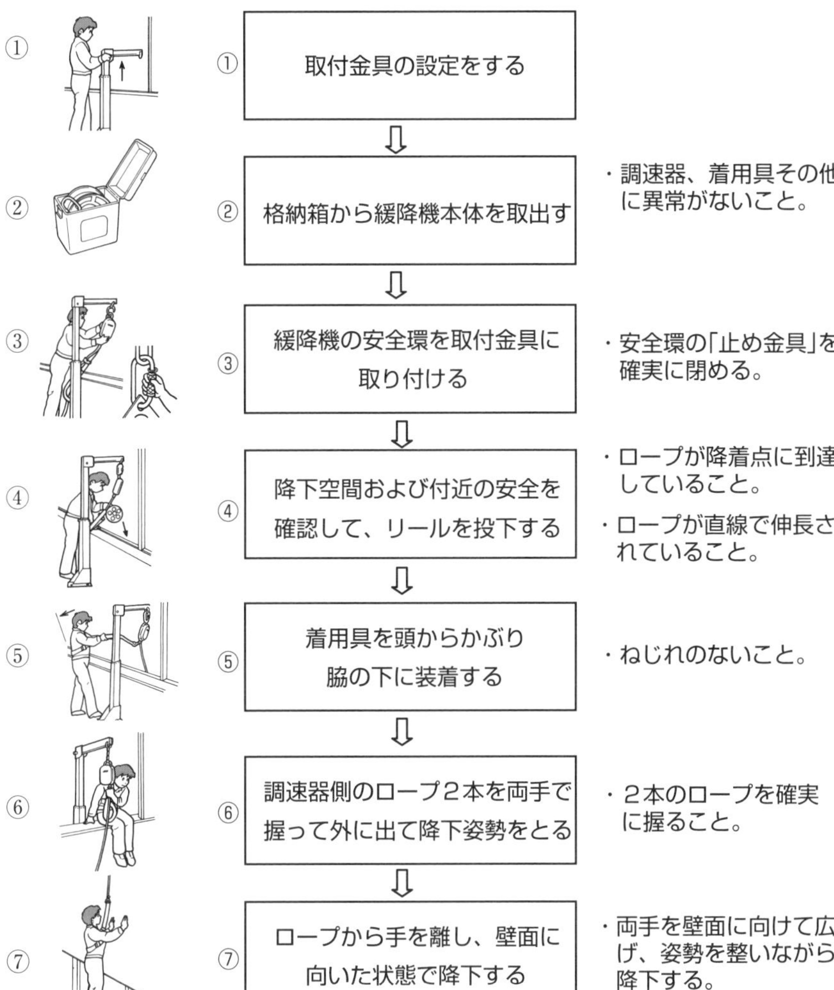

⊙リールは必ず投下すること。

- ロープが降着点に到達していないと降着点まで避難できないので，ロープの長さを確認するため。
- リールをベランダ等に置いたまま降下すると，ロープが伸長する際にリールが移動して障害物などで固定され，降下ができなくなるおそれがあるため。

解いてみよう!! よく出る問題

1．緩降機

問題 1 **緩降機についての記述のうち，誤っているものはどれか。**

⑴ 調速器とは，緩降機の降下速度を一定の範囲に調節する装置をいう。
⑵ 固定式緩降機とは，常時，取付け具に固定されている状態の緩降機をいう。
⑶ 可搬式緩降機とは，使用時に任意の場所に移動して使用する緩降機をいう。
⑷ 緩降機とは，使用者が他人の力を借りずに自重により自動的に連続交互に降下することができる機構を有するものをいう。

解き方と解説 (P.86参照)

緩降機の構造・機能・規格は，「緩降機の技術上の規格を定める省令」において，定められています。

⑴：○ **調速器**において**安全な降下速度に調整**されます。
⑵：○ **固定式**は，取付具に**常時固定**されている方式です。
⑶：× **可搬式**は，**使用の際に**取付具に**取付けて使用する**方式のもので任意の場所に移動するわけではありません。
⑷：○ 緩降機についての正しい説明です。

したがって，⑶が誤りとなります。 解答⑶

問題 2 **緩降機の調速器における調速方式について，誤っているものは次のうちどれか。**

⑴ 歯車式 ⑵ 回転式 ⑶ 油圧式 ⑷ 遊星歯車式

解き方と解説

⑴⑶⑷は，実際に存在する方式です。
⑵の方式は有りません。 解答⑵

問題3　**緩降機の調速器についての記述のうち，正しいものはいくつあるか。**

A　堅牢で耐久性があること。

B　常時分解掃除等をしなくてもよい構造であること。

C　カバーは堅固で壊れにくいものとし，点検以外では絶対に開放しないものであること。

D　機能に異常を生じさせるおそれのある「砂」その他の異物が容易に入らないよう措置されていること。

(1)　1個　　(2)　2個　　(3)　3個　　(4)　4個

解き方と解説 (P.86参照)

緩降機については，**各部の名称**，**機能**や**規格**は特に重要な部分です。確実に把握する必要があります！

A・B・Dは調速器について正しい記述をしています。Cが誤っています。**調速器は絶対に分解しない**こと。点検の際，性能に疑問がある時は**専門業者に確認を依頼**することになります。

したがって，正しいものは3個となります。

解答(3)

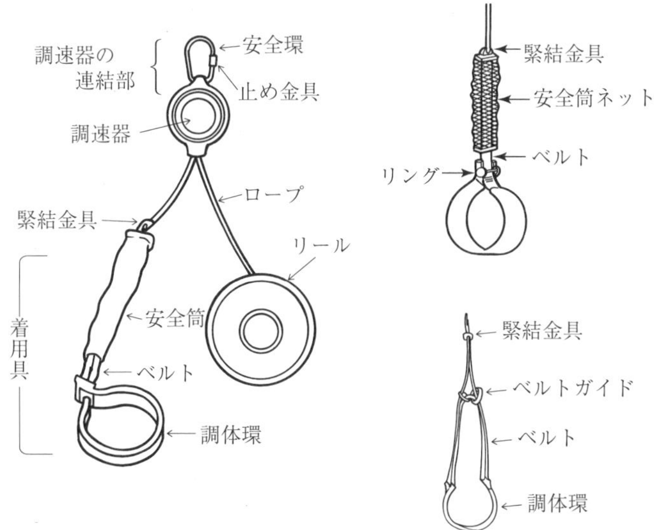

問題4 **緩降機のロープについての記述のうち，誤っているものはどれか。**

(1) ロープはワイヤロープを芯にして，外装を施したものである。

(2) ロープは避難場所までの十分な長さがあること。

(3) ロープのよじれは，降下中に調整ができるものであること。

(4) 芯の外装は，綿糸又はポリエステルを用いた金剛打ちとする。

解き方と解説 (P.87参照)

(1)：○ 使用者がワイヤロープでけがをしないように外装しています。

(2)：○ **ロープの長さ**は，取付位置から**降着面までの長さ**とするか又は**着用具の下端が降着面から±0.5 m の位置の長さ**とします。

(3)：× **ロープはよじれの無いもの**と規定されています。

(4)：○ **外装**は，摩擦に強い**金剛打ち**（こんごううち）とされています。

したがって，解答は(3)となります。

解答(3)

問題5 **着用具についての記述のうち，誤っているものはどれか。**

(1) 取り外す操作をした場合，容易に取り外すことができること。

(2) ロープの両端に着用具を離脱しない方法で連結してあること。

(3) 着用具のうち，ベルトは，ほつれが続けて生じないこと。

(4) 使用者がリングを調整することにより身体が保持できること。

解き方と解説 (P.88参照)

この問題も緩降機の構成部品に対する確認問題です。

(1)(2)(3)は，規格省令のとおりの正しい記述です。

(4)：× 着用具は，「使用者の身体の定位置を**操作することなく**確実に保持すること」と定められています。すなわち，着用具は調整などの操作があってはならないということです。

解答(4)

問題6 **緩降機についての記述のうち，誤っているものはどれか。**

(1) 緊結金具は，ロープと着用具を離脱しない方法で連結する金具のことをいう。
(2) リールは，ワイヤロープを芯として外装を施したロープを巻き収めるためのものである。
(3) 着用具は，使用者が降下時に監視及び動作する上で支障を生じないものでなければならない。
(4) 調速器の連結部は，緩降機の自重及び使用者の降下荷重を安全に支えるものでなければならない。

解き方と解説 (P.87，88参照)

緩降機には難しい理論は有りませんので，各部品類の名称・取付位置・役割などを，繰り返し確認しましょう！

(1)(3)(4)は，正しい記述をしています。

(2)の記述は正確ではありません。リールは，**ロープ**及び**着用具**を収納するために巻き取るための用具です。ロープだけのものではありません。

解答(2)

問題7 **緩降機の規格省令に定める降下速度について，正しいものは次のうちどれか。**

(1) 毎秒15 cm以上150 cm以下
(2) 毎秒16 cm以上150 cm以下
(3) 毎秒18 cm以上160 cm以下
(4) 毎秒20 cm以上160 cm以下

解き方と解説 (P.86，89参照)

降下速度は緩降機の最も基本的かつ重要な事項です。緩降機の降下速度試験において，**毎秒16 cm以上150 cm以下**とする規定があります。

解答(2)

問題 8　**下記は緩降機の強度試験及び性能試験に係る説明文である。説明文からこの試験の名称をこたえよ。**

☆緩降機を試験高度に取付け，着用具の一端に650 N の荷重を左右交互に加えて左右それぞれ10回降下させた場合，いずれも20回の平均の降下の速度の80 %以上120 %以下であること。

(1)　強度試験　　(2)　含水降下試験
(3)　繰返し試験　　(4)　降下速度試験

解き方と解説 (P.89参照)

緩降機の性能試験のうち，安全な降下速度を確認するための試験です。

適正な**降下速度**は，**毎秒16 cm 以上150 cm 以下**であることを再確認しておきましょう。

緩降機の強度試験・性能試験には，次のようなものがあります。

【含水降下試験】【低温試験・高温試験】【繰返し試験】【落下試験】
【落下衝撃降下試験】【腐蝕試験】

強度試験・性能試験の問題をよく見かけます。要注意！

解答(4)

問題 9　**規格省令に基づき緩降機に表示しなければならないものとして，誤っているものは次のどれか。**

(1)　設置年月　(2)　型式番号　(3)　製造番号　(4)　ロープ長

解き方と解説 (P.91参照)

緩降機には，次の事項を見やすい箇所に容易に消えないように表示をすることが定められています。

・型式　・型式番号　・ロープ長　・最大使用荷重　・最大使用者数
・製造者名又は商標　・製造年月　・製造番号　・取扱上の注意事項

(1)　設置年月は表示項目ではありません。

解答(1)

問題10　緩降機についての記述のうち，正しいものはいくつあるか。

A　取付位置の高さは，床面から1.5 m 以上1.8 m 以下とする。

B　ロープ又は着用具が降着面に到達していること。又は着用具の先端が降着面から±0.6 m の位置にあること。

C　降下速度は，毎秒16 cm 以上150 cm 以下に自動的に調整されること。

D　降下の際，ロープが防火対象物と接触して損傷しないよう，壁面から15 cm 以上30 cm 以下の間隔をとること。

(1)　1個　　(2)　2個　　(3)　3個　　(4)　4個

解き方と解説

(P.91参照)

緩降機の基準に関わる数値の問題です。この数値は非常に重要な数値ですから，ここでしっかり整理しておきましょう！

A：○　**緩降機の取付位置**は，**床面から1.5 m 以上1.8 m 以下**とすることが規定されています。(下図参照)

B：×　ロープ又は着用具が降着面に到達しているか，又は着用具の先端が**降着面から±0.5 m の位置**にあることが正しい。(下図参照)

C：○　**降下速度は毎秒16 cm 以上150 cm 以下**とされています。

D：○　ロープを損傷しないための距離です。(下図参照)

解答 (3)

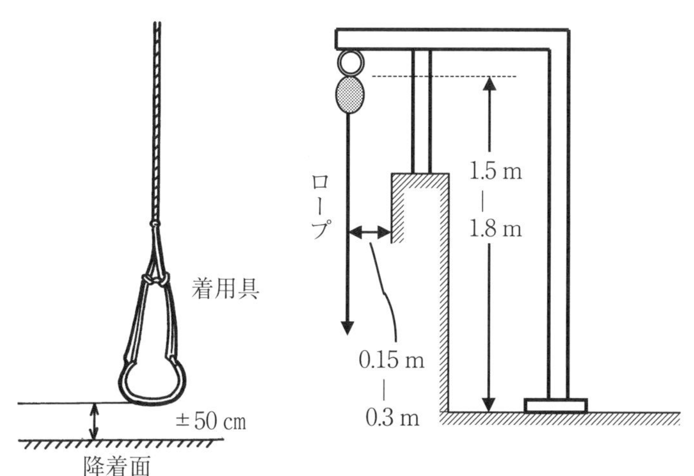

ここが攻略ポイントだ!!

●救助袋●

救助袋は，建物の上階の窓・バルコニー等と地上の間を帆布製の筒状の袋で連絡し，その中を滑り降りて避難する避難器具で，固定金具・入口金具・袋本体・緩衝装置（受布・保護マット）・誘導綱・砂袋・取手・下部支持装置（斜降式のみ）・付属装置等で構成されています。

1．救助袋の種類

救助袋を概ね45°の角度で展張して，袋の中を斜めに滑り降りる**斜降式**と，救助袋を垂直に展張して垂直に降下する**垂直式**があります。

（1）斜降式

一般的に地盤面に対して概ね45°の角度で救助袋を展張する方式のもので，形状には角型と丸型があります。

降下速度の調節は，袋本体と使用者との**摩擦力と展張角度**により行われます。

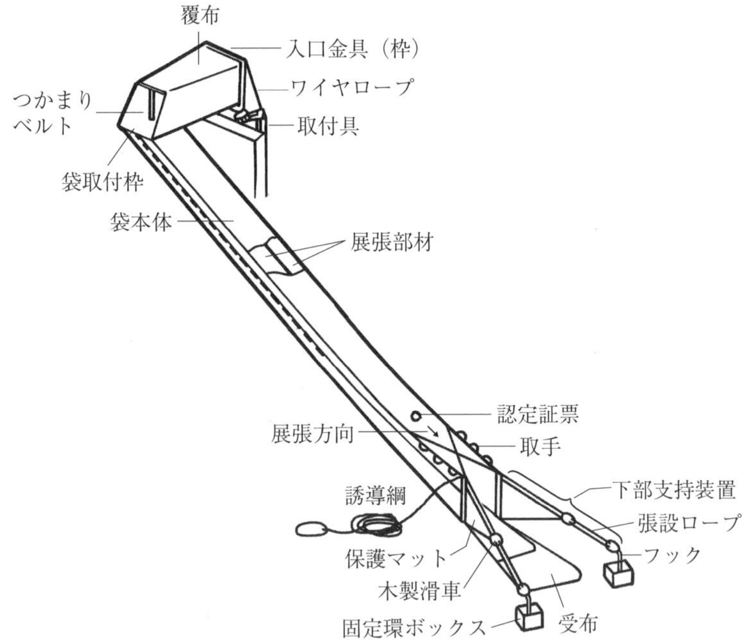

（2）垂直降下式

垂直に救助袋を展張して使用する方式のものです。降下速度の調節をするために，**らせん状に降下して速度を調節するもの**と**通路を蛇行させて速度を調節するもの**があります。

※基準が制定される以前に設置されたもので，袋に緊迫部と非緊迫部を一定間隔で設けて速度調節するものがあります。

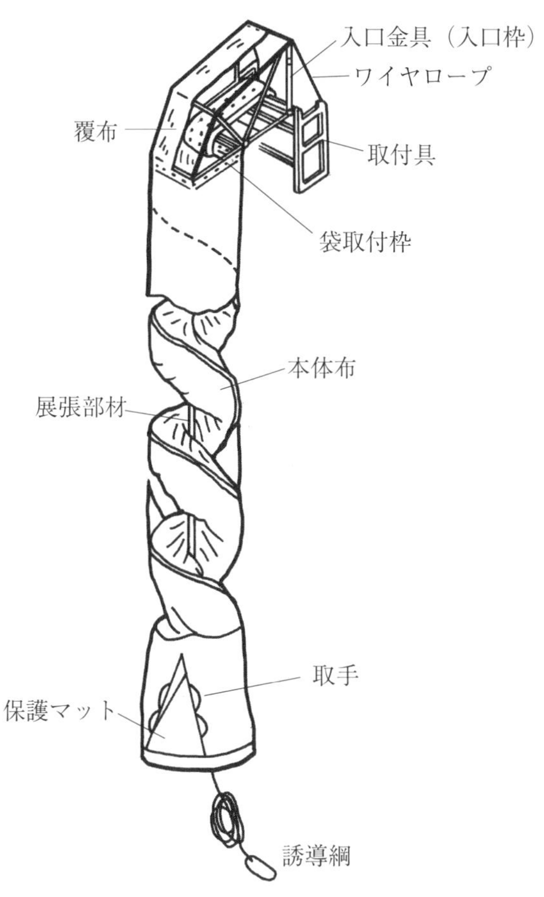

2．救助袋の構造

共通項目（①〜⑨　斜降式・垂直式の共通項目）

① 救助袋は，入口金具・袋本体・緩衝装置・取手・下部支持装置などにより構成されるものであること。
② 入口金具は，入口枠・支持枠・袋取付枠・結合金具・ロープその他これに類するもので構成されていること。
③ 入口金具の底部にはマットを，その他の面には覆い布を取付ける。
④ 袋本体は，**直径50 cm 以上の球体が通過**することができること。
⑤ 袋本体にかかる引張力を負担する展張部材を有すること。また，使用の際の**展張部材の伸び**は，**本体布の伸びを超えない**こと。
⑥ 袋本体の滑降部は，落下防止のため**二重構造**又は外面に網目の辺の長さ5 cm 以下の**無結節の網**を取り付けたものであること。
⑦ 降着の際に衝撃を受ける部分は，緩衝装置として**受布**および**保護マット**を取付けること。（衝撃の無い方式のものは省略できる）
⑧ 展張部材及び本体布は，袋取付枠に強固に取付けられていること。
⑨ 袋本体の下端に**誘導綱**を取付ける。

斜降式（上記**共通項目**の①〜⑨に適合すること）

① 袋本体は展張時において，よじれ及び片だるみがないこと。
② 袋本体の滑降部には，**滑り降りる方向の縫合部をつくらない**こと。
③ 袋本体は，連続して滑り下りることができ，**平均毎秒7 m 以下**の速度で途中停止すること無く滑り降りることができること。
④ 出口付近に**6個以上の取手**を，**左右対称**に強固に取り付けること。
⑤ **下部支持装置**は，袋本体を確実・容易に支持できること。
⑥ **誘導綱の長さ**は，**袋本体の全長以上の長さ**とすることができる。

垂直式（上記**共通項目**の①〜⑨に適合すること）

① **誘導綱の長さ**は，**袋本体の全長に4 m を加えた長さ以上**とする。
② 袋本体は，連続して滑り下りることができ，**平均毎秒4 m 以下**の速度で途中停止すること無く滑り降りることができること。
③ 出口付近に**4個以上の取手**を，**左右均等**に強固に取り付けること。
（垂直式の取手は，風その他の揺動防止のためのものです）

斜降式救助袋の下部支持装置を降着面等に固定する器具を「**固定具**」といいます。いわゆる「**固定環ボックス**」と呼ばれるものです。

固定具（固定環ボックス）は，**フタの付いた箱**で救助袋の下部支持装置のフックを引掛けて固定できる**環**又は**横棒**が内部に収められています。

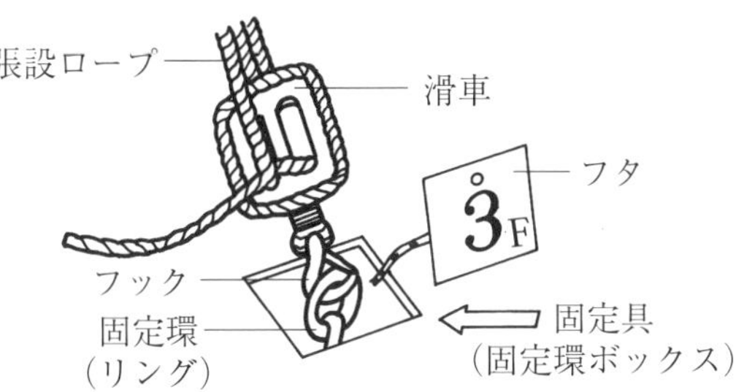

【固定具】（固定環ボックス）の基準

① フタは**容易に開放できる構造**とする。

② フタは紛失防止のため**箱とチェーンなどで接続**する。

③ **フタの表面**に救助袋の**設置階数を表示**する。

④ 箱の内部に雨水等が滞留しないよう，**水抜き措置**を講じる。

⑤ 箱は，内部の清掃が容易にできる大きさとする。

⑥ フタは，車両等の通行による積載重量に耐えるものとする。JIS G5501（ねずみ鋳鉄品）又は同等以上の強度・耐食性のもの。

【固定環 等】の基準

① 環状又は棒状を問わず，**直径16 mm 以上**であること。

② 規定の引張荷重に耐えられるよう十分に埋め込まれ，かつ，**引き抜け防止の措置**が講じられていること。

③ **JIS G 4303**（ステンレス鋼棒）又は同等以上のものとする。

【誘導綱】の基準

① 長さは，**袋本体の全長に4 m を加えた長さ**以上とする。但し，斜降式は袋本体の全長以上の長さとすることができる。

② 砂袋は，**夜間でも識別しやすいもの**とする。（夜光塗料を使用）

③ **直径4 mm 以上の太さ**とする。

④ 誘導綱の**先端に砂袋**を取付ける。

⑤ 砂袋は，**300 g 以上**の質量とする。

3．救助袋の材質

救助袋に用いるものの材質は，下表に掲げるもの又はこれらと同等以上の強度・耐久性及び耐食性を有するものと定められています。

【入口金具に用いる部品】の材質

部品名	材料（JIS：日本産業規格）
入口枠 支持枠 袋取付枠	JIS G 3101（一般構造用圧延鋼材） JIS G 3444（一般構造用炭素鋼鋼管） JIS G 3452（配管用炭素鋼鋼管）
ワイヤロープ	JIS G 3525（ワイヤロープ）
ボルト	JIS G 3123（みがき棒鋼）
シャックル	JIS B 2801（シャックル）
シンブル	JIS B 2802（シンブル）
チェーン	JIS F 2106（船用一般チェーン）
ロープ	JIS L 2703（ビニロンロープ）

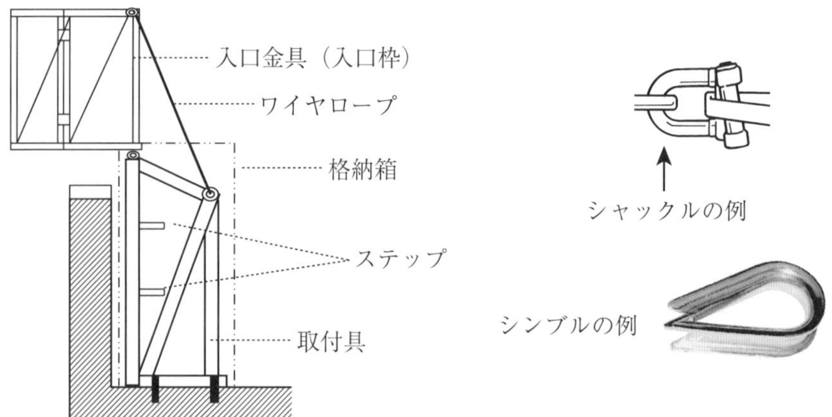

袋本体などの布類・ロープ等は，次のように定められています。

① 本体布などの布類は，耐久性を有し，織むら等がなく，十分な密度を有すること。

② 展張部材に用いるロープ・ベルトは，耐久性を有すること。

③ ロープは，よりに緩みがなく，よじれの生じにくいこと。

④ 落下防止の網・下部支持装置・縫糸は，耐久性を有すること。

4．救助袋の強度試験

救助袋の袋本体・各部材・支持装置・その他の結合部分は構造耐力上安全なものでなければならないことから，次の試験が行われます。

（1）引張強さ試験・引裂強さ試験

① **救助袋に用いる布**は，日本産業規格（JIS）で定める「一般織物試験方法」で**引張強さの試験**，**引裂強さの試験**を行い，一定以上の強度であることが確認されます。

引張強さ…1000 N 以上に耐える強度を有すること。
（覆い布は，800 N 以上とする）

引裂強さ…120 N 以上に耐える強度を有すること。
（覆い布は，80 N 以上とする）

② **落下防止用の網**は，引張強さが3000 N 以上であること。

③ **縫糸**は，十分な引張り強さ，引掛け強さを有し，縫糸に緩み等がないこと。

引張強さ …60 N 以上に耐える強度を有すること。

引掛強さ …100 N 以上に耐える強度を有すること。

④ **取手と袋本体の結合部分**，**取手と受布の結合部分**は，十分な引張強さを有するものであること。

5．救助袋の表示

救助袋には，次の事項を見やすい箇所に容易に消えないように表示することが定められています。

・種　別　・製造者名又は商標　・製造年月　・製造番号
・設置階数　・展張方向（斜降式に限る）

6．設置・維持の基準

救助袋の**設置及び維持の基準**は次のように定められています。

① 開口部の下端は，床面から1.2 m 以下とする。但し，避難上支障のない固定又は半固定のステップを用いる場合はこの限りではない。

② 救助袋の取付具は，ボルト締め・溶接・その他の方法で堅固に取り付けること。

③ 救助袋は，安全・確実・容易に使用できる構造のものとする。

④ 救助袋の長さは，避難上支障が無く，かつ，安全な降下速度を保つことができる長さであること。

⑤ 救助袋本体の**下部出口と降着面**の高さは**無荷重状態で0.5 m 以下**とする。

⑥ 垂直式を設置する場合，降下空間及び避難空地を共用する場合は，器具相互の**外面を1 m まで接近**させることができる。

⑦ 救助袋の取付具に用いる材料は，JIS G3101 もしくは JIS G3444に適合するもの，又はこれらと同等以上のものとする。

⑧ 斜降式救助袋の下部支持装置を固定する固定具（固定環ボックス）の埋設場所。

- 救助袋をゆるみの無いように展張した場合，降着面と概ね35° となる位置とする。
- 袋本体に片たるみを生じない位置で，**避難空地内**とする。
- 通行の支障とならないように設ける。

【避難器具の格納箱】

☆避難器具は，保護のために「**格納箱**」に収納されます。格納箱には次のような基準があります。

▶格納箱は，避難器具の操作に支障をきたさないものであること。
▶耐候性・耐食性・耐久性を有する材料を用いたものであること。
▶耐食性を有しない材質は，耐食措置を施したものであること。
▶屋外に設けるものは，有効に雨水等を排水する措置を講じること。

7．設置上の開口部・空間

「**救助袋**」を安全・確実・容易に使用するために必要な **開口部**，**操作面積**，**降下空間**，**避難空地**は，次のようになります。

(1) 開口部

窓など「避難器具の設置に必要な開口部」のこと。

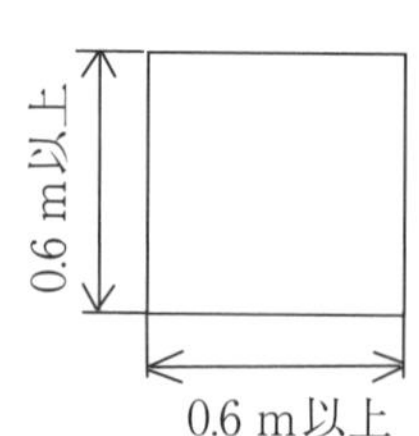

① 壁面に設ける場合

高さ0.6 m 以上，幅0.6 m 以上

- 入口金具を容易に操作できる大きさ
- 袋の展張状態を近くの開口部から確認できるこ

と。（当該開口部を含む）

（2） 操作面積

避難器具の操作に必要な取付け部の面積

① 避難器具用ハッチに格納するもの

0.5 m²以上の面積で，一辺が0.6 m 以上

（当該器具の水平投影面積を除く）

・器具の操作に支障のないもの

0.6 m以上
0.5 m²以上
0.6 m以上

② 上記以外のもの

幅1.5 m 以上，奥行き1.5 m 以上

（器具の設置部分を含む）

・特に操作に支障のない場合は，2.25 m²の面積で形状を変えることができる。

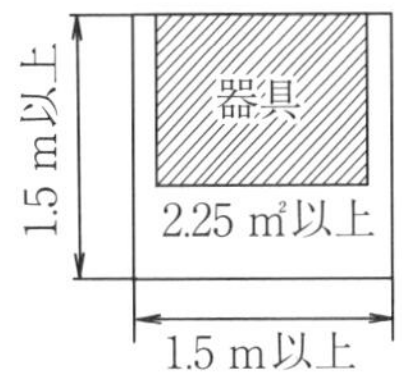

（3） 降下空間

設置階から降着面等までの避難器具周囲に保有すべき空間

①垂　直　式

▶器具を中心に**半径1 m 以上の円柱形の範囲**

▶**救助袋と壁面との間隔**は**0.3 m 以上**とする。

・ひさし等の突起物がある場合の間隔は，突起物の先端から0.5 m 以上とする。

・突起物が入口金具から下方3 m 以内の場合は，壁面との間隔は0.3 m 以上とする。

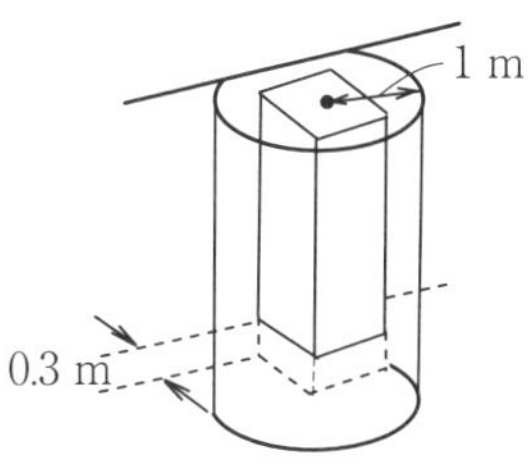

〜降下空間のつづき〜

◆斜　降　式

▶救助袋の下方及び側面について，つぎの空間を確保する。
- 袋上部では，25° の角度
- 袋下部では，35° の角度の下図で示された範囲以上とする。

▶防火対象物の側面に沿って降下する場合は，**壁面との間隔は0.3 m 以上**とする。（最上部を除く）
- 突起物に関する項目は，垂直式に同じ。

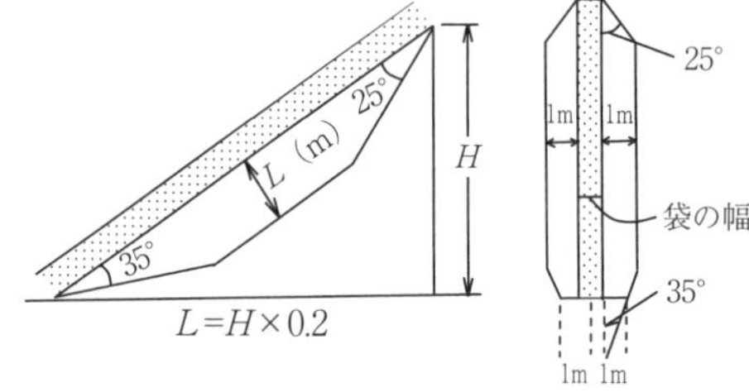

（4）避難空地

安全に避難するために，降着面等の付近に保有すべき空間

◆垂　直　式

▶**降下空間**の**水平投影面積以上**の面積とする。

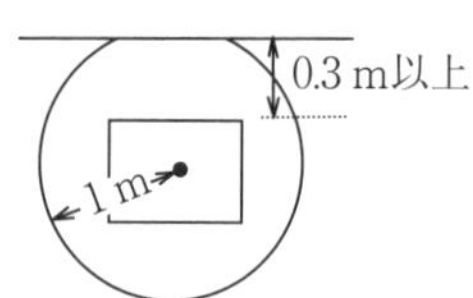

◆斜　降　式

▶展張した**救助袋本体の下端から前方2.5 m** 及び，救助袋の中心線から**左右へそれぞれ1 m 以上の幅**の面積とする。

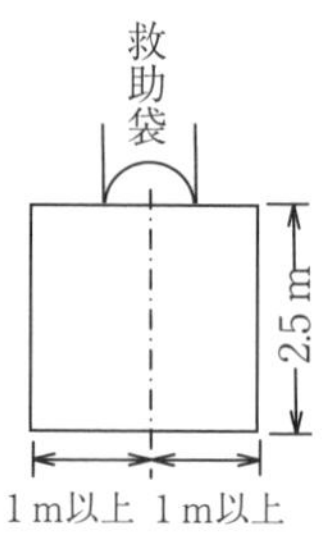

8．救助袋の展張方法

≪斜降式≫

① 格納箱を取り外す

⇩

② 誘導綱（砂袋）を投下する

⇩

③ 救助袋を順次おろす

⇩

④ 入口金具を引き起こす

⇩

⑤ ステップを設定する

（地上の展張作業が完了したら）
避難を開始する
入口枠上部につかまり
足から袋に入る

≪垂直式≫

① 格納箱を取り外す。
② 誘導綱（砂袋）を投下する。
③ 救助袋を順次おろす。
④ 入口金具を引き起こす。
⑤ ステップを設定する。
（展張完了）

<地上作業>　（階上と同時進行）

誘導綱を引き、救助袋を引き寄せる

フックを固定環に引っ掛ける

張設ロープを引き、救助袋を展張する

張設ロープの端末処理をする
（展張完了）

※　斜降式・垂直式とも階上の設置場所で行う展張作業（①～⑤）は同じです。
※　斜降式には「地上作業」がある点が，垂直式と異なります。
※　垂直式は，特別な場合を除き①～⑤で展張作業は完了となります。
※　地上の固定環等が使用できない場合は，応急措置として構造物や車両等を利用して固定することも可能です。
　人手がある場合は，救助袋出口の「取手」を持って支持することも可能です。
※　救助袋の下階で噴煙があるときは，当該救助袋は使用できません。

※張設ロープの端末を矢印方向に押し下げ，張設ロープと滑車の間に挟み込む。（緩み防止）
※張設ロープの端末は，避難者の安全のために，放置しないで端末処理をする。

解いてみよう!! よく出る問題

1. 救助袋

問題1 **救助袋についての記述のうち，誤っているものはどれか。**

(1) 入口金具の底部にはマットを，その他の面には覆い布を取り付ける。
(2) 救助袋は，袋本体の下端に袋本体の全長に 4 m を加えた長さ以上の長さを有する誘導綱を取り付けることが義務付けられている。
(3) 袋本体は，直径0.5 m 以上の球体が通過することができるものであること。
(4) 救助袋の下部出口と地盤面又は降着面との間隔は無荷重状態で0.5 m 以下とすること。

解き方と解説

(P.102参照)

救助袋は，入口金具・袋本体・緩衝装置・取手・下部支持装置等により構成されており，その基準は「避難器具の基準」（消防長告示）で定められています。

(1)：○ 救助袋の使用者は，入口金具の一部である入口枠の上部につかまり，足から救助袋に入るため，**入口金具の底部にはマット**を敷き，**周囲には覆い布**を取り付ける決まりになっています。
(2)：× 斜降式救助袋の誘導綱は，袋本体の全長以上の長さとすることができます。従って，救助袋全体に課せられた義務ではありません。
(3)：○ 標準的な大人が通過するに直径0.5 m の大きさが必要です。
(4)：○ 地盤面又は降着面との間隔は0.5 m 以下とする規定は，避難はしご，緩降機などと同じ規定です。

解答 (2)

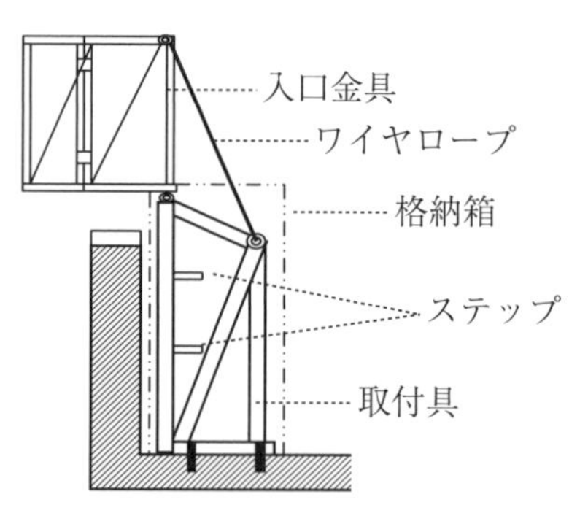

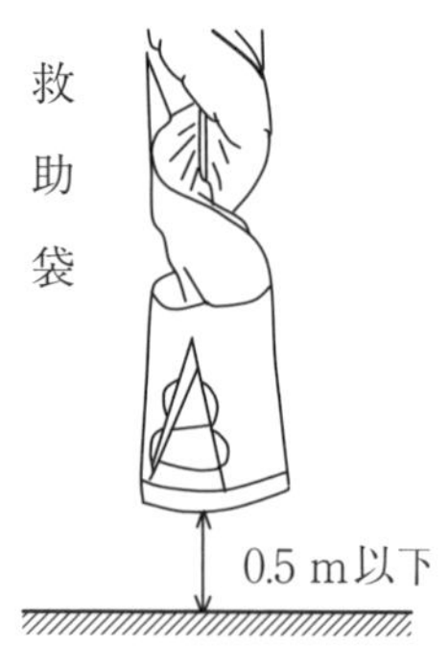

問題 2　**斜降式救助袋について，正しいものはいくつあるか。**

A　袋本体の滑降部には，滑り降りる方向の縫合部がないこと。
B　袋本体にかかる引張力を負担する展張部材を必ず有すること。
C　救助袋の出口付近に 6 個以上の取手を左右均等に取り付けること。
D　平均毎秒7 m 以下の速度で途中停止することなく滑り降りることができること。

①　1つ　　②　2つ　　③　3つ　　④　4つ

解き方と解説　(P.102参照)

斜降式救助袋の下部支持装置を固定する固定環に異常がある場合において，人力で救助袋の取手を支持して避難させることを想定しているため，**斜降式の取手**は**6 個以上を左右対称**に取り付けることになっています。

斜降式の降下速度は平均**毎秒7 m 以下**の速度と定められています。また，**垂直式**は安全確保のために**毎秒4 m 以下**の速度とされています。

本問の A・B・D は，正しい記述をしています。C は，**取手を左右均等**ではなく**左右対称**とすることが正解です。　解答(3)

問題 3　**垂直式救助袋について，誤っているものは次のうちどれか。**

(1)　袋本体の下部出口付近に 6 個以上の取手を左右均等に設ける。
(2)　垂直式救助袋には，下部支持装置を設けないことができる。
(3)　誘導綱は，袋本体の長さに4 m を加えた長さ以上とする。
(4)　救助袋の降下速度の調節は，主として摩擦力による。

解き方と解説　(P.102参照)

(1)：垂直式の取手は風や振動に対応するものなので，斜降式より少ない**4 個以上の取手を左右均等**に設けます。(2)：避難設備の基準では垂直式の下部支持装置の省略を認めています。(3)：**誘導綱**は**袋本体の長さ＋4 m** が規定の長さとなります。但し，**斜降式**の場合は**袋本体以上の長さでよい**としています。(4)：降下速度の調節は，主として使用者と袋本体の摩擦力によります。したがって，(1)が誤りとなります。　解答(1)

問題4　**斜降式救助袋の下部支持装置を固定する「固定具」いわゆる「固定環ボックス」について，誤っているものは次のうちどれか。**

⑴　防水のための蓋（フタ）が設けられている。
⑵　ボックス内には排水のための措置が講じられている。
⑶　内部に環状又は棒状の固定用の器具が設けられている。
⑷　フタに固定環ボックスであることを識別するための番号が付されている。

解き方と解説　（P.103参照）

斜降式救助袋の下部支持装置を降着面等に固定する器具を「**固定具**」といいます。一般的に「**固定環ボックス**」と呼ばれています。

固定具（固定環ボックス）は，**フタの付いた箱**で救助袋の下部支持装置のフックを引掛けて固定できる**環**又は**横棒**が内部に収められています。

固定具（固定環ボックス）には，次の基準があります。

- フタは**容易に開放できる構造**とする。
- フタは紛失防止のため**箱とチェーンなどで接続**する。
- **フタの表面**に救助袋の**設置階数を表示**する。
- 箱の内部に雨水等が滞留しないよう，**水抜き措置**を講じる。
- フタは，車両等の通行による**積載重量に耐えるもの**とする。

したがって，⑷で表示する番号は，設置階数になります。

解答⑷

問題5　**斜降式救助袋に用いる固定環ボックスの「ふた」についての記述のうち，誤っているものはどれか。**

⑴　腐食防止のための水抜きの措置を講じる。
⑵　容易に開放できる構造としなければならない。
⑶　フタの表面に，救助袋の設置階を表示しておく。
⑷　紛失防止のために，ボックスとチェーン等で接続する。

解き方と解説　（P.103参照）

前問の基準から，誤りは⑴であることが分かります。水抜き措置が必要なのは，ボックスであって「ふた」ではありません。

解答⑴

問題6　**救助袋の誘導綱について，誤っているものはどれか。**

(1)　誘導綱は，直径 5 mm 以上の太さとする。

(2)　誘導綱の先端には，300 g 以上の重さの砂袋等を取付ける。

(3)　誘導綱に取り付ける砂袋等は，夜間において識別できるものとする。

(4)　斜降式救助袋の誘導綱は，救助袋の長さ以上の長さとすることができる。

解き方と解説　(P.103参照)

斜降式救助袋を**地上の操作者又は固定具の位置に誘導するためのロープ**が**誘導綱**といわれるもので，誘導綱は救助袋と連結しています。

誘導綱のもう一方の先端には小さな**砂袋**等が取付けられており，その砂袋等を地上操作者の近くに投げて誘導綱が届きやすいようにしています。

垂直式救助袋においても誘導綱は必要です。例えば，展張操作中において，袋本体が**木の枝**や他の**障害物**に引っ掛かる等のアクシデントの際，地上に落とされた誘導綱を引くと救助袋を引き寄せることができます。

誘導綱（ゆうどうづな）の基準の概要は次のとおりです。

① 長さは，**袋本体の全長に4 m を加えた長さ**以上とする。
　但し，**斜降式**は**袋本体の全長以上の長さ**とすることができる。
　また，**垂直式**で**袋本体が 5 m 以下**のものは**誘導綱を省略**できる。
② 砂袋は，**夜間でも識別しやすいもの**とする。(夜光塗料を使用)
③ **直径4 mm 以上の太さ**とする。
④ 誘導綱の**先端に砂袋**等を取付ける。
⑤ 砂袋等は，**300 g 以上**の質量とする。

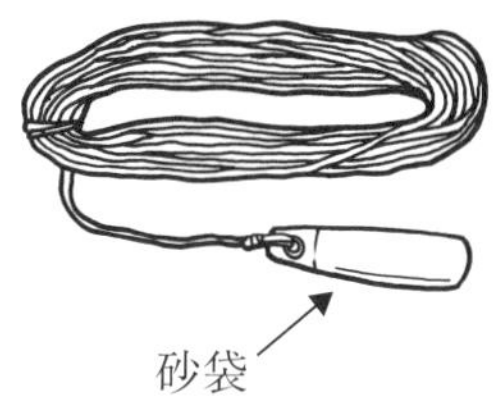

(1)が誤りとなります。

解答 (1)

問題7　**救助袋本体の強度試験について，誤っているものはどれか。**

(1)　袋本体の引張り強さ　…　1000 N 以上
(2)　覆い布の引張り強さ　…　600 N 以上
(3)　袋本体の引裂き強さ　…　120 N 以上
(4)　落下防止網の引張り強さ　…　3000 N 以上

解き方と解説　(P.105参照)

救助袋に用いる布は，日本産業規格（JIS）の「一般織物試験方法」で**引張強さの試験**，**引裂強さの試験**を行い，強度が確認されます。

引張強さ…1000 N 以上に耐える強度を有すること。
（覆い布は，800 N 以上とする）
引裂強さ…120 N 以上に耐える強度を有すること。
（覆い布は，80 N 以上とする）
落下防止用の網は，引張強さが3000 N 以上であること。

(2)覆い布の引張強さは800 N 以上となります。

解答(2)

問題8　**救助袋の下部出口と降着面との高さが定められているが，正しいものはどれか。ただし，無荷重状態における高さとする。**

(1)　0.15 m 以下
(2)　0.3 m 以下
(3)　0.5 m 以下
(4)　0.65 m 以下

解き方と解説　(P.106参照)

避難器具の種類にかかわらず，最終避難点において事故のないように，避難者の安全が図られています。

救助袋については，救助袋本体の**下部出口と降着面**の高さは**無荷重状態で0.5 m 以下**と定められています。

解答(3)

問題9　**救助袋の設置について，誤っているものは次のうちどれか。但し，防火対象物の壁面に沿って降下する方式とする。**

(1)　救助袋と壁面との間隔は，0.3 m 以上とする。

(2)　ひさしなどの突起物がある場合は，突起物の先端から0.5 m 以上とする。

(3)　突起物が入口金具から下方3 m 以内の場合は，壁面との間隔は0.3 m 以上とする。

(4)　救助袋は，壁面に設けられた高さ0.5 m 以上，幅0.5 m 以上の大きさの開口部に設置する。

解き方と解説　(P.106～108参照)

(1)(2)(3)は救助袋の降下空間における袋本体と防火対象物の壁面との間隔について述べています。いずれも正しい記述です。

(4)が誤っています。壁面に設ける救助袋の開口部は，**高さ0.6 m 以上，幅0.6 m 以上** と定められています。

解答 (4)

問題10　**下図は，斜降式救助袋の避難空地を表わしたものである。A 及び B の数値として正しいものはどれか。**

	A	B
(1)	0.5 m 以上	1.5 m
(2)	0.8 m 以上	2.0 m
(3)	1.0 m 以上	2.5 m
(4)	2.0 m 以上	3.0 m

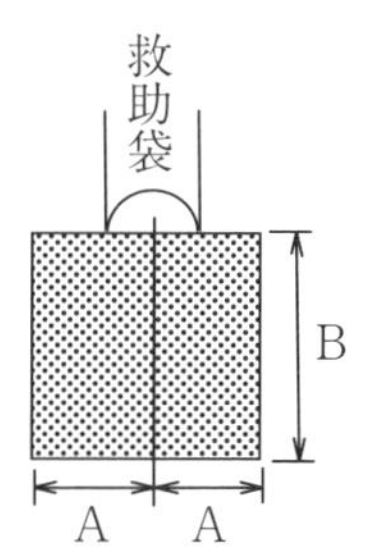

解き方と解説　(P.108参照)

斜降式の避難空地は，**救助袋本体の下端から前方2.5 m** 及び，救助袋の中心線から**左右へそれぞれ1 m 以上の幅**の面積となります。

したがって，(3)が正解となります。

2.5 m
1 m以上　1 m以上

解答 (3)

ここが攻略ポイントだ!!

●その他の避難器具●

ここでは，金属製避難はしご，緩降機，救助袋を除いた避難器具の概要を示します。避難器具の基準（消防庁告示）にその詳細が規定されています。

1．避難はしご（金属製以外のもの）

固定はしご・立てかけはしご・つり下げはしごがあります。

一般的構造は，金属製避難はしごの基準とほぼ同じ内容です。

① 縦棒は，耐久性に富んだ繊維製のもの又は同等以上の耐久性を持つものとする。

② 横桟は，金属製のもの又は同等以上の耐久性を有すること。

金属製避難はしごと同様に，告示基準に従って強度試験が行われます。

2．避難橋

避難橋とは，建築物相互を連絡する橋状のものをいいます。

橋げた・床板・手すり等から構成され，固定式・移動式があります。

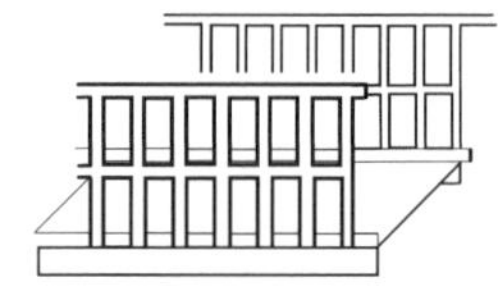

◆一般的構造

① 床面の勾配は５分の１未満とし，床板は滑り止めの措置をする。

② 手すりの高さ…1.1 m 以上　　手すり子間隔…18 cm 以下

　幅木の幅　　…10 cm 以上

材質は主要な部分は不燃性のものとし，橋げた・床板・幅木・手すりは鋼材・アルミニウム材又は同等以上の耐久性のあるものとする。

積載荷重は，床面1 m^2当たり3.3 kN（キロニュートン）とする。

3．すべり棒

垂直棒・固定具（上部，下部）・緩衝部から構成されています。

① 棒は，外径35 mm 以上60 mm 以下の範囲で円柱状のものとする。

② 棒は鋼材等で造られ，適度な握り太さ・平滑・継目のないものとする。

③ 棒は3.9 kN の圧縮荷重を軸方向に加える試験おいて，亀裂・破損・わん曲を生じないこととする。

※すべり棒は，使用上の危険性が大きいので，あまり使われません。

4．避難用タラップ

防火対象物の外壁，地下のドライエリアの外壁に沿って設けた階段状のもので，踏板・手すり・支持部などから構成され，固定式・半固定式があります。

構造については，踏板，踊場，手すりなどの詳細が定められています。

材質は，鋼材・アルミニウム材など耐久性のあるものを用い，積載荷重は，手すり間の各踏板の部分につき0.65 kN とし，踊場の床面1 m^2につき3.3 kN とします。

5．避難ロープ

避難ロープは，ロープ，つり下げ具から構成され，上端をつり下げ具で固定し，つり下げたロープを使用して降下するものをいい，次の基準があります。

・ロープは直径12 mm 以上で，耐久性に富んだ繊維製のものとする。

・使用の際，急激な降下を防止するための措置を講じたものとする。（一定間隔ごとに結び目やステップなどの滑り止めが設けられている）

・ロープは，6.5 kN の引張荷重に対し，破断・変形をしないこと。

・つり下げ金具は，6 kN の引張荷重で，亀裂・破損・変形がないこと。

・避難ロープの長さは，取付位置から降着面等までの長さとする。

・避難ロープの取付け具は，防火対象物の柱・床・はり・その他構造上堅固な部分に容易に取り付けることができるように設ける。

6. すべり台

防火対象物の窓・ベランダ等と地上を「すべり台」で連結したもので，そこを滑り降りて避難します。

すべり台には，直線状，らせん状，曲線状のものがあり，常時使用可能な状態の固定式と，使用時以外は下端を持ち上げておく半固定式があります。

すべり台には次のような基準があります。

・すべり台は，底板・側板・手すり・支持部などから構成されること。
・すべり面の勾配は，25度以上～35度以下の傾斜角度とする。
・材質は，鋼材・アルミニウム材・鉄筋コンクリート材等とする。
・すべり台の強度（積載荷重）は，滑り面の長さ1mにつき1.3kNの荷重を加えた場合，その荷重に耐えられること。
・避難上支障がなく，安全な降下速度を保持できるように設けること。
・すべり面の下端には，すべり面と連続して減速面を設けること。
・**底板の有効幅は，40cm以上**とし，底板と側板との接触部にはすき間を設けないこと。ただし，滑り面をローラ等で構成したものは，滑降に支障のないすき間等を設けることができる。
・**側板の高さは40cm以上，手すりの高さは60cm以上**であること。

解いてみよう!! よく出る問題

1．その他の避難器具

問題1　避難器具についての記述のうち，誤っているものはどれか。

(1) 避難はしご（金属製以外のもの）に，金属製の横桟を用いることはできない。

(2) 避難橋の橋げた及び床板にアルミニウム材のものを使用しても差し支えがない。

(3) 避難用タラップの半固定式とは，使用時以外はタラップの下端を持ち上げておくものをいう。

(4) 避難ロープは，直径12 mm 以上の耐久性に富んだ繊維製のものを使用する。

解き方と解説 (P.116，117参照)

(1)：×　避難器具の基準では，金属製以外の避難はしごの材質について，「縦棒は耐久性に富んだ繊維製のもの・・・**横桟**は**金属製**のもの又はこれと同等以上の耐久性を有するもの」と定めています。

(2)：○　避難橋の材質は主要部を不燃性とし，橋げた・床板等には鋼材・アルミニウム材，又は同等以上のものとしています。

(3)：○　避難用タラップの半固定式とは，使用時に持ち上げられているタラップの下端を1動作で架設できる構造のものをいいます。

(4)：○　直径12 mm 以上の耐久性に富んだ繊維製のものが用いられます。

したがって，(1)が誤っています。　解答(1)

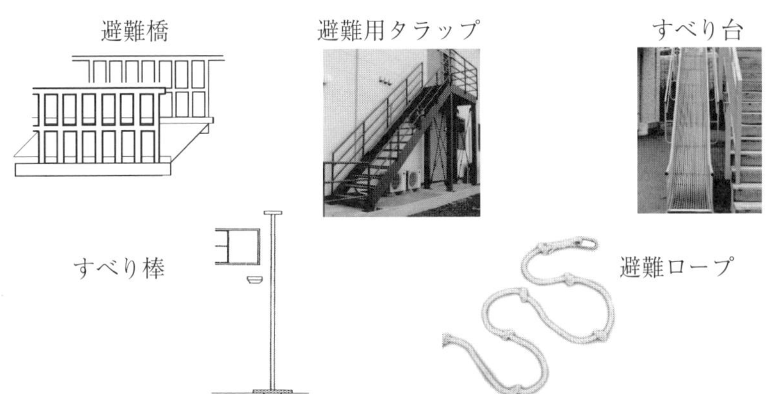

問題2　**避難器具についての記述のうち，誤っているものはどれか。**

(1)　避難はしごには，縦棒を繊維製としたものがある。
(2)　避難橋とは，建築物の上階と下階を連絡する階段状のものをいう。
(3)　すべり棒とは，垂直に固定した棒を滑り降りるものをいう。
(4)　避難ロープは，上端部を固定し吊り下げたロープを使用して降下するものをいう。

解き方と解説　(P.116，117参照)

避難器具の基準で述べている各種避難器具の用語の定義です。

(2)は避難橋ではなく避難用タラップの説明をしており，誤りです。(1)(3)(4)は基準どおり正しく記述しています。

解答 (2)

問題3　**すべり台についての記述のうち，誤っているものはどれか。**

(1)　積載荷重は，すべり面の長さ1 m につき1.3 kN の荷重とする。
(2)　底板，側板，手すり，支持部などにより構成されるものとする。
(3)　底板は，一定の勾配を有するすべり面を有し，すべり台の終端まで一定の速度ですべり降りることができるものとする。
(4)　底板，側板，手すり，支持部の材質は，鋼材，アルミニウム材，鉄筋コンクリート材又は同等以上の耐久性のものとする。

解き方と解説　(P.118参照)

避難器具の基準（消防庁告示）において，すべり台の構造・材質・強度が定められています。

(1)：○　すべり面の長さ1 m につき1.3 kN の荷重が加わった場合に，荷重に耐えられることを規定しています。すなわち，強度の規定です。

(2)：○　構造についての規定で，正しい記述です。

(3)：×　すべり面の下端には，すべり面と連続させて**減速面**を設ける必要があります。降着点まで一定の速度ではなく**減速の措置**がなされます。

(4)：○　材質に関する正しい記述です。鉄筋コンクリートなど金属以外の材質も認められています。

解答 (3)

1．避難器具の共通基準

（1）**避難器具を設置又は格納する場所には見やすい箇所に「避難器具である旨」及び「使用方法」を表示する標識を設けます。**

① **位置を示す標識**は，避難器具の直近の見やすい箇所，及び避難器具に至る廊下・通路に設ける。（避難器具が容易に分かる場合は省略可）

② **標識の大きさ**は，**縦0.12 m 以上**，**横0.36 m 以上**とする。

③ 標識には「避難器具」「避難」「救助」等の文字を有する器具名を記載する。避難器具と分かりやすい**シンボルマーク**を用いてもよい。

④ 標識の地色と文字は対比色とし，文字が明確に読み取れること。

⑤ **使用方法の標識**は，避難器具の直近の見やすい箇所に設ける。

⑥ **使用方法**は，「図」及び「文字」等を用いて，**わかりやすく表示**する。

（2）**特定1階段等防火対象物，又はその部分に設置する避難器具は，次のいずれかに適合するものでなければならない。**

① 安全かつ容易に避難ができる構造のバルコニー等に設けるもの。

② 常時，容易かつ確実に使用できる状態で設置されているもの。

③ 1動作で容易かつ確実に使用できるもの。
（開口部の開放，保安装置の解除の動作を除く）

（3）**「避難器具設置等場所」の標識**

① 特定1階段等防火対象物における避難器具の**設置**又は**格納する場所**の**出入口の上部**又はその**直近**に設ける。

② 避難器具設置等場所がある階のエレベーターホール，又は階段室の出入口付近の見やすい箇所。

（4）**避難器具は，使用方法の確認，避難器具の操作等が，安全・円滑に行うことができる明るさが確保される場所に設置する。**

（5）**避難器具を安全・確実・容易に使用するため，避難器具に応じた開口部・操作面積・降下空間・避難空地を確保しなければならない。**

（6）**避難器具を設置する開口部は，相互に同一垂直線上にない位置とする。**

解いてみよう!! よく出る問題

1. 避難器具の共通基準

問題1　**避難器具の位置を示す標識についての記述のうち，誤っているものは次のうちどれか。**

(1) 標識は避難器具の直近の見やすい箇所，及び避難器具に至る廊下，通路等に設ける。
(2) 標識の大きさは，縦0.12 m 以上，横0.33 m 以上とする。
(3) 標識には「避難器具」又は「避難」若しくは「救助」等の文字を有する器具名を記載する。
(4) 避難器具の設置場所が容易にわかる場合は，標識を設けないことができる。

解き方と解説 (P.121参照)

避難器具を**設置，格納する場所**には見やすい箇所に**「避難器具である旨」**及び**「使用方法」**を表示する**標識**を設ける必要があります。

(1)で示す場所に標識を設ける必要がありますが，(4)で記述しているように，設置場所が容易にわかる場合は，標識を設けないこともできます。

(2)の数値が誤りです。**縦0.12 m 以上，横0.36 m 以上**が正解です。

(3)は記述のとおりです。

解答(2)

問題2　**避難器具の標識について，誤っているものはどれか。**

(1) 使用方法の標識は，避難器具の直近の見やすい箇所に設ける。
(2) 標識には，避難器具と分かるシンボルマークの使用もできる。
(3) 標識の地色と文字は，文字が明確に読み取れる同系色とする。
(4) 使用方法は，図及び文字等を用いてわかりやすく表示する。

解き方と解説 (P.121参照)

(1)(2)(4)は基準どおりの正しい記述です。

(3)が誤りです。基準では標識の**地色と文字**は，文字が明確に読み取れるように「**対比色**」を用いることとしています。

解答(3)

おつかれさまでした
一休み 一休み！

第2章　工事・整備

●避難器具の設置・固定●

避難器具の「取付具」を，柱・梁・床・壁など構造上堅固な部分に確実に固定するため，次のような方法が用いられます。

1．固定方法

(1) 木造の構造物に固定する方法

十分な強度を有する柱・梁などの強度を低下させないように鋼材で挟みこみ，ボルト及びナットで締付ける。

(2) 鉄骨造・鉄筋コンクリート造に固定する方法

アンカーボルト等により固定する次の方法が用いられます。

① 鉄筋コンクリートの柱・床・梁・壁等に「**金属拡張アンカーボルト**」を埋め込んで固定する方法。**(金属拡張アンカー工法)**
※この工法が多く採用されています。

② 鉄筋コンクリート内の鉄骨又は鉄筋に，先端を曲げた**かぎ状ボルトを溶接**又は**フック**させる方法。**(フック掛け工法)**

③ デッキプレートを使用した床に固定する場合は，ボルトを貫通させ，両面を鉄板で補強して固定する方法。**(貫通工法)**

(3) 固定ベースによる固定

避難器具を固定することができる柱・床・壁などがない場合には，鉄筋又は鉄骨で補強された**固定ベース**を置いて固定します。

① **コンクリートベース**は，避難器具**設計荷重の1.5倍以上の重量**とするか，又はこれと同等以上の効力のあるものとする。

② コンクリートベースは，鉄筋または鉄骨を入れて補強するか，若しくは，固定ベースの両面を鋼材等で補強してボルトを貫通させる。

固定ベース工法は，施工が容易で施工費用が比較的安く，耐久性もある工法です。

2．固定方法の概要図

金属拡張アンカー工法

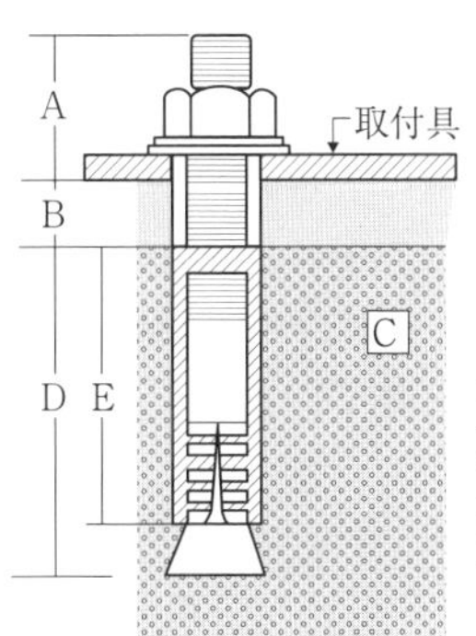

A：締付け部分（25 mm以上）
B：モルタル部分
C：コンクリート部分
D：埋込み孔の標準深さ
E：埋込み深さ（スリーブ長）

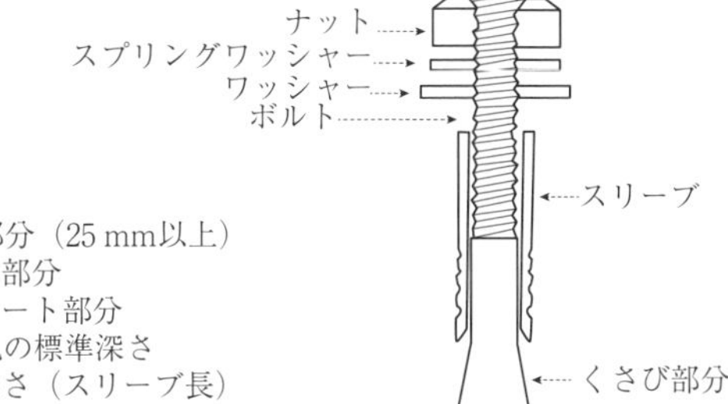

（金属拡張アンカー）

フック掛け工法

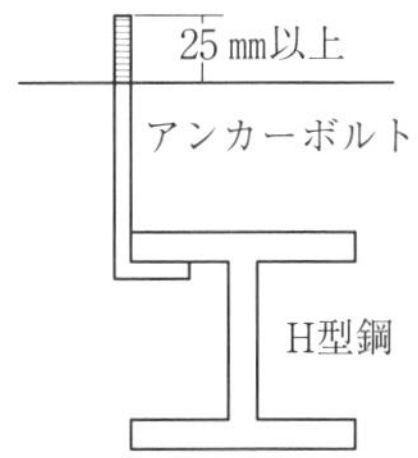

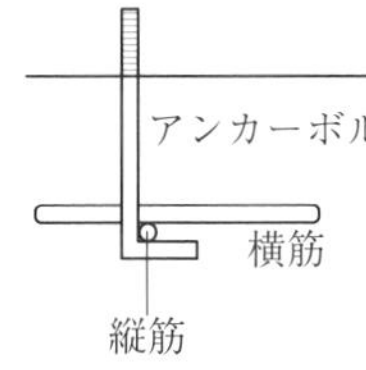

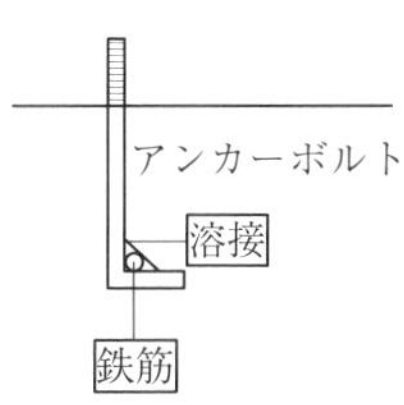

固定ベース工法

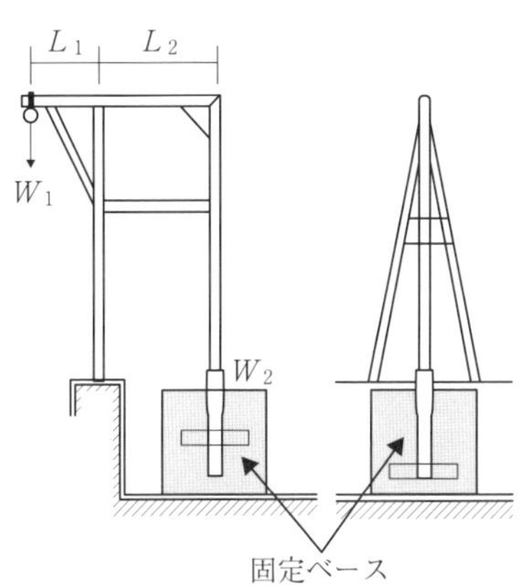

貫通工法

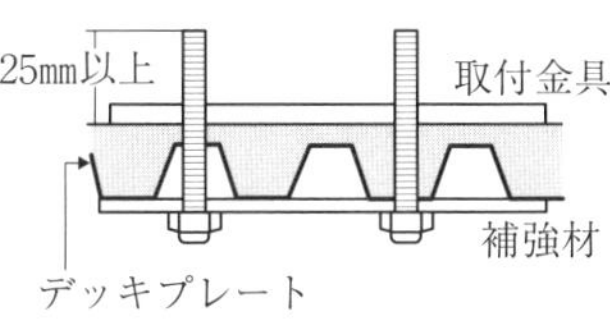

W_1 ：避難者等の重量（設計荷重）
L ：間隔（$L_1 < L_2$）
W_2 ：W_1の1.5倍以上の重量

（1）金属拡張アンカー工法の概要

鉄筋コンクリートの柱・床・梁・壁などに，**ドリルで孔を掘り**，そこに**金属拡張アンカーボルト**を**埋め込んで固定**する方法です。

このことから，穿孔（せんこう）アンカー工法ともいわれます。**鉄筋コンクリート造，鉄骨鉄筋コンクリート造**の場合に**行うことができます**。無筋コンクリート・軽量気泡コンクリート等にはコンクリート耐力の問題があるため，この工法は採用できません。

強度のあるコンクリートに確実にアンカーボルトを埋め込む必要があることから，アンカーボルトの**埋込み深さ**，**穿孔深さ**が定められています。次に基準の概要を示します。

【アンカーボルトの埋込み深さ，穿孔深さ】

アンカーの呼び径	M10	M12	M16	M20
埋め込み深さ（mm）	40	50	60	80
穿孔深さの下限（mm）	60	70	90	110

① **埋込深さ**とは，アンカーの**スリーブの長さ**をいう。
② 穿孔深さとは，ドリルによる孔の深さをいう。
③ アンカーは，コンクリート本体まで埋め込む。
④ 金属拡張アンカーを複数用いる場合は，コンクリートのひび割れを避けるために，相互の**間隔**は**埋込深さの3.5倍**以上の長さとする。
⑤ 金属拡張アンカーは，増し締めのできる**おねじ式**とする。
⑥ 金属拡張アンカーの**へりあき寸法**は，**埋込深さの2倍以上**の長さとする。（へりあき寸法とは，コンクリートのヘリからの長さをいう）
⑦ 埋込み孔は，金属拡張アンカーの径にほぼ等しいものとし，くさびが開き始めた状態でボルトがガタつかないこと。

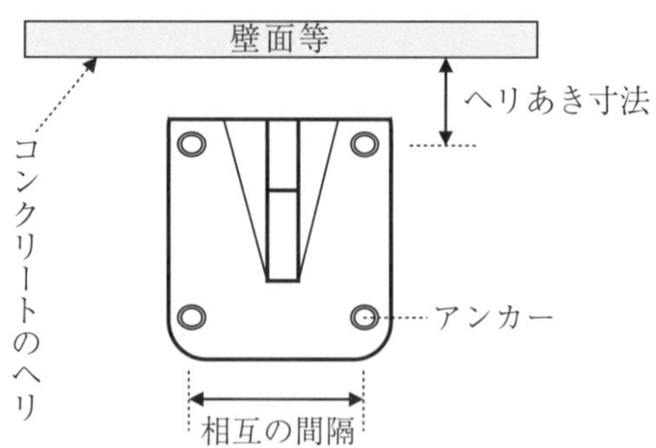

(2) ボルト・ナットの基準（避難ハッチ用以外）

① JIS G 3123（みがき棒鋼）に適合するもの，又は同等以上の強度・耐久性を有する材料のものとする。

② ボルトは，呼び径が **M10以上**のものを使用すること。

③ **固定部にかかる引張応力**を引張側の**ボルトの数**で叙した値が，下表の数値以下であること。（許容荷重）

ボルトの呼び径	許容荷重（kN/本）	
	引張荷重	せん断荷重
M 10	14	10
M 12	20	15
M 16	38	28
M 20	59	44

④ 雨水等のかかる場所に設けるボルト・ナットは，JIS G 4303（ステンレス鋼棒）又は同等以上の耐食性を有するものとする。

⑤ ボルト・ナットには，スプリングワッシャ・割ピンなどの緩み止めの措置を講じること。

(3) アンカーボルトの固定強度の確認

① 設計引抜荷重に相当する試験荷重を加えて，引抜き耐力を確認する。

② 引き抜き力を測定する**締め付けトルク**は，次式で算出する。

$$T = 0.24\,DN$$

T：締付トルク〔kN・cm〕
D：ボルト径〔cm〕
N：試験荷重〔kN〕

(4) アンカーボルトの「呼び径」・「本数」

① アンカーボルトの**呼び径**及び**本数**は，次式の内容を満たすことが必要である。

$$\frac{F}{N} < P$$

F：固定部に発生する応力〔kN〕
P：許容引抜荷重〔kN〕
N：引張力のかかるアンカーの本数 **（$N \geqq 2$ であること）**

※ $N \geqq 2$ とは，2本以上で固定する必要があるということです。

(5) 避難器具用ハッチの固定

① 避難器具用ハッチの固定用ブラケット等の強度は，次式による。

$$\frac{F}{N} < S$$

F：固定部に発生する応力〔kN〕
S：材料の許容せん断荷重〔kN〕
N：ブラケット等の数 **（$N \geqq 4$ であること）**

※ $N \geqq 4$ とは，4ヵ所以上で固定する必要があるということです。

解いてみよう!! よく出る問題

1．避難器具の設置・固定

問題１ 避難器具の取付具の固定についての記述のうち，誤っているものは次のうちどれか。

(1) 鉄筋コンクリートのバルコニー等に鉄筋又は鉄骨で補強された固定ベースを置いて固定する方法を固定ベース工法という。
(2) 鉄筋コンクリートの柱・床等に金属拡張アンカーボルトを埋め込んで，固定する方法を穿孔アンカー工法という。
(3) 鉄筋コンクリート内部の鉄骨又は鉄筋に先端をかぎ状に曲げたボルトを溶接又はフックさせる方法をかぎボルト工法という。
(4) デッキプレートを用いた床に固定する場合は，ボルトを貫通させ，両面を鉄板で補強して固定する方法を貫通工法という。

解き方と解説 (P.125参照)

避難器具の取付具の固定方法として，**金属拡張アンカー工法，貫通工法，フック掛け工法，固定ベース工法**などがあります。

金属拡張アンカー工法：金属拡張アンカーボルトを床や壁に埋め込んで避難器具の取付具を固定する方法で，一般的には金属拡張アンカー工法といいますが，アンカーボルトの埋め込み孔をドリルで穿孔（せんこう）（開ける）することから，穿孔アンカー工法ともいいます。

フック掛け工法：鉄筋コンクリート内の鉄骨又は鉄筋に，12 mm 以上の先端を**かぎ状**に曲げた**ボルト**を**溶接**又は**フック**させて固定する方法です。

貫通工法：構造耐力上，アンカーやボルト等で直接固定できないデッキプレートなどは，ボルト穴を貫通させて補強した鉄板等を挟み込む形で固定する方法をいいます。

固定ベース工法：床や壁等にアンカーやボルト等による固定ができない場合，そこに加わる荷重に対抗する**おもりの役目**をする**固定ベース**を置いて避難器具を安定させる方法です。

固定ベースの重量は**設計荷重の1.5倍以上**の重量とする定めがあります。

(1)(2)(4)は正しい記述です。

(3)：×　正しくは，フック掛け工法といいます。

解答(3)

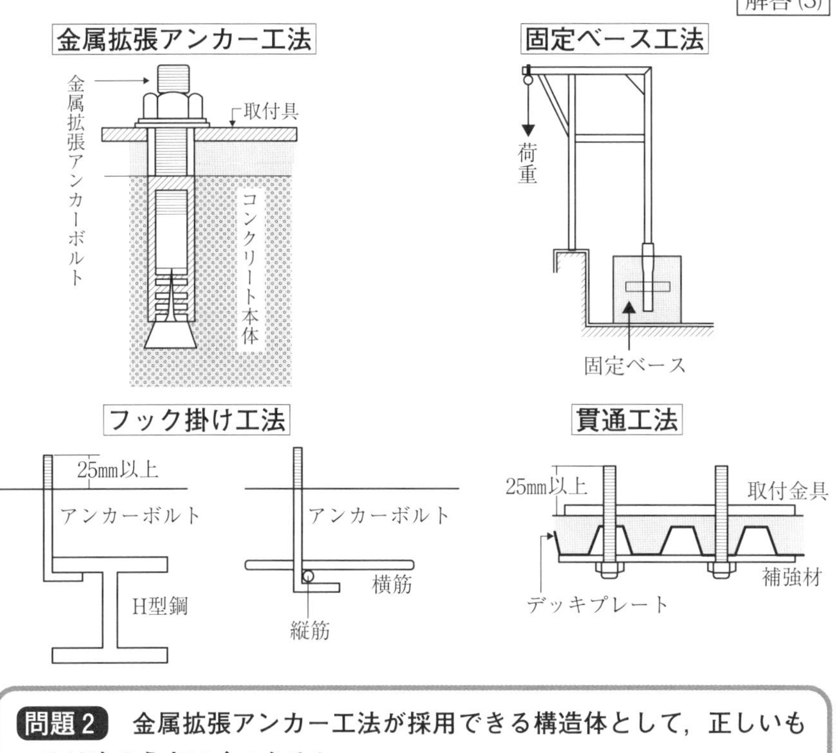

問題２　**金属拡張アンカー工法が採用できる構造体として，正しいものは次のうちいくつあるか。**

A　無筋コンクリート造
B　鉄骨鉄筋コンクリート造
C　軽量気泡コンクリート造
D　鉄筋コンクリート造

(1)　1個　　(2)　2個　　(3)　3個　　(4)　4個

解き方と解説　(P.126参照)

金属拡張アンカー工法は，一定の強度を有する**鉄筋コンクリート造**，**鉄骨鉄筋コンクリート造**の場合に**行うことができます。**

無筋コンクリート・軽量気泡コンクリートにはコンクリート耐力の問題があるため，この工法は採用できません。

したがって，B・Dの2個が正解となります。

解答(2)

問題3 **金属拡張アンカー工法におけるアンカーボルトについての記述のうち，誤っているものはどれか。**

(1) アンカーのへりあき寸法は，埋込深さの2倍以上の長さとする。
(2) ボルトは，増し締めができる余裕のあるおねじ式とする。
(3) アンカー相互の間隔は埋込深さの3.5倍以上の長さとする。
(4) アンカーの埋込深さとは，アンカーボルトが埋め込まれている床又は壁の表面からの長さをいう。

解き方と解説

(P.126参照)

選択肢(4)のアンカーボルトの**埋め込み深さ**とは，**アンカーのスリーブの長さ**をいいます。即ち，スリーブの長さ分が埋め込むべき深さとなります。
また，スリーブは強度のあるコンクリート本体部分に埋め込まれます。
アンカーボルトの径により埋め込まれる深さが決められています。

【アンカーボルトの埋込み深さ，穿孔深さ】

アンカーの呼び径	M10	M12	M16	M20
埋め込み深さ（mm）	40	50	60	80
穿孔深さの下限（mm）	60	70	90	110

(1)：**へりあき寸法**とは，コンクリートの**へりからの長さ**をいいます。コンクリートの縁（へり）の近くにアンカーを埋め込むと，締付の際にコンクリートに亀裂等が生じる虞があるため，**へり**から埋め込み深さの**2倍以上の間隔をあけた位置**に埋め込むことが定められています。
(2)：記述のとおりです。
(3)：アンカー相互の間隔が近すぎると，前項(1)と同様の危険があることから，**アンカー相互の間隔**は**埋込深さの3.5倍以上の長さ**とされています。
(4)：×　埋め込まれたボルト自体の長さではありません。

解答(4)

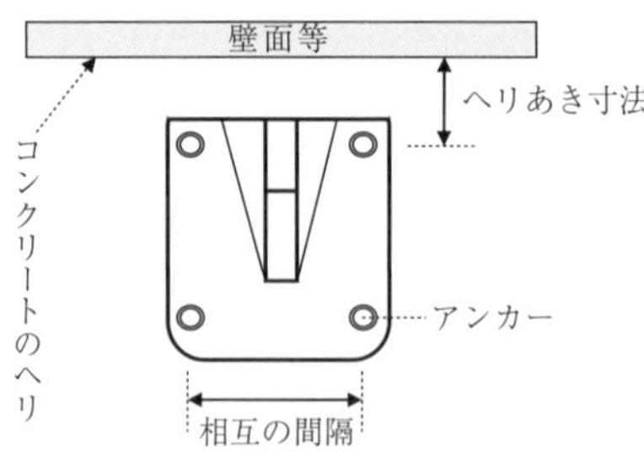

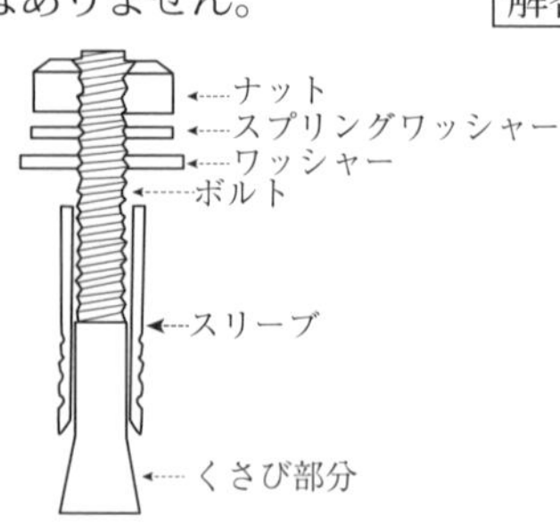

問題 4　**避難器具又は取付具の固定についての記述のうち，誤っているものはどれか。**

⑴　固定ベース工法に用いる固定ベースには，鉄筋や鉄骨又は鋼材で補強されたコンクリートベースが多くの場合に用いられる。

⑵　引張り力のかかる箇所をボルト又はアンカー等で固定する場合はM10以上のもの 2 本以上を使用して固定しなければならない。

⑶　アンカーボルトを埋め込むためにコンクリートに穴をあける場合は，金属拡張アンカーの径にほぼ等しいものとする。

⑷　木造の柱・梁・桁等に固定する場合は，強度を低下させないようにボルトを貫通させて締付ける。

解き方と解説　(P.124参照)

工事・整備の部分は，実技問題・製図問題に直結する重要な部分です。

また，実務にもつながる部分ですから，絶対に攻略しましょう！

⑴：○　固定ベースには補強されたコンクリートのコンクリートベースが多く用いられます。

⑵：○　引張力のかかる箇所では，固定しているボルト又はアンカーの 1 本に不都合が生じた場合でも脱落などが発生しないように，必ず **2 本以上で固定**することが定められています。

⑶：○　埋め込み孔は，金属拡張アンカーの径にほぼ等しいものとし，くさびが開き始めた状態でボルトがガタつかないことが規定されています。

⑷：×　木造の柱・梁・桁などへの固定は，強度を低下させないように鋼材で挟みこんで，ボルト及びナットで締付けます。軸材を貫通させると強度を低下させるおそれがあるため行いません。

したがって，⑷が誤りとなります。

解答 ⑷

問題5　アンカーボルト等の引き抜きに対する耐力の確認を行う際の締付トルクTを求める算式は次のどれか。ただし，それぞれの単位は，T：kN・cm，D：cm，N：kNとする。

(1)　$T = 0.024\,DN$　　(2)　$T = 0.24\,DN$
(3)　$T = 1.024\,DN$　　(4)　$T = 1.24\,DN$

解き方と解説　(P.127参照)

固定部材にアンカーボルト等を使用するものは，設計引抜荷重に相当する試験荷重を加えて，引抜きに対する耐力を確認します。

試験荷重を加える方法は，引き抜き力を測定する器具により，アンカーボルト等を締め付ける方法で行います。

このときの**締め付けトルク**は，次式により求めます。

$$T = 0.24\,DN$$

T：締付トルク〔kN・cm〕
D：ボルト径〔cm〕
N：試験荷重〔kN〕

したがって，解答は(2)になります。

解答(2)

問題6　避難器具用ハッチの固定用ブラケット等の強度は，次式を満たすものとしているが，次式として正しいものはどれか。

ただし，F：固定部に発生する応力〔kN〕，S：材料の許容せん断荷重〔kN〕，N：ブラケット等の数，(N≧4であること)

(1)　$\frac{F}{N} < S$　　(2)　$\frac{N}{F} < S$　　(3)　$\frac{S}{N} < F$　　(4)　$\frac{F}{S} < N$

解き方と解説　(P.127参照)

避難器具用ハッチの固定は，**$N \geqq 4$** であることから**4箇所以上で固定**します。また，**1箇所あたりの応力**が**材料の許容せん断荷重**（S）より小さなものでないと，材料の耐力を超えて固定部の破壊につながります。

したがって，(1)が正解となります。

解答(1)

ここが攻略ポイントだ!!

●避難器具の点検●

設置された避難器具は定期的に点検を行い，異常の有無を確認し，適正に維持することとされています。

1．避難はしごの点検

(1) 操作・点検方法

◆つり下げ式

① 格納箱から「はしご」を取り出し，つり下げ金具を取付け部に取り付ける。
② 階下の安全を確認し，止め金を外して「はしご」を降下させる。
③ 伸長状態に異常がないか，確認をする。

◆固定収納式

① 止め金をはずす。
② はしごの展開状態に異常がないか確認する。

(2) 点検項目～(吊)：つり下げ式，(収納)：固定収納式，その他は共通～

- 縦棒・横桟・突子などに変形・損傷・錆・腐食等の異常がないこと。
- はしご全体が円滑に展長し，ゆがみ・変形等がないこと。
- 縦棒は垂直に，横桟は水平になっていること。
- 回転部・折りたたみ部・伸縮部が円滑に作動すること。
- ボルト・ナットに緩み等の異常がないこと。
- 降下した際，各部に異常がないこと。
- 再格納の際，円滑に格納できること。

(吊) 取付具・固定部材・つり下げ金具・格納箱などに，変形・損傷・錆・腐食・ねじれ等の異常がないこと。
(吊) つり下げ金具は，固定部材に確実に取り付けられていること，かつ，容易に取り付けられる状態であること。
(吊) 突子が壁側に向いており，壁との間隔が10 cm以上あること。
(吊) チェーンの溶接個所，ワイヤーロープにほつれ等の異常がないこと。
(吊) はしごの長さ及び横桟と降着面までの間隔が適正であること。
(収納) 固定収納式の場合は，止め金の作動が円滑であること。

（収納）収納された縦棒が円滑に展開されること。
（収納）固定収納式のものは，下端が堅固な地面等に接していること。
（収納）再格納の際，円滑に格納され，止め金が確実にかかること。
※点検の結果，異常又は不都合のある場合は，適正に整備する必要があります。

2．緩降機の点検

(1) 点検方法・点検項目　等

①　取付具を使用状態に設定する。
・取付具・調速器の連結部に，変形・損傷・錆・腐食等がないこと。
・取付具のボルト・ナット・リベット等に，ゆるみや脱落がないこと。
▶トルクレンチを用いて，**締め付けを確認**する。
②　格納箱から緩降機本体を取り出す。
・調速器カバーに，打痕・損傷・変形・錆等がないこと。
・油圧式調速器の場合，油漏れがないこと。
・**調速器**は**分解しない**こと。分解の痕跡があるものは使用しないこと。
③　緩降機本体を取付具に確実に取り付ける。
・調速器を固定し，ロープを交互に引いて作動状況を確認する。
▶適度で安定した抵抗感があること。
▶抵抗感がないもの，不安定な抵抗感のものは性能に疑問がある。
④　降下空間及びその付近の安全確認をして，**リールを投下**する。
・リールを投下する前に，ロープ・着用具の状態を確認する。
▶ロープによじれ・ほつれ・吸湿による劣化等がないこと。
▶ロープの芯材であるワイヤロープから錆が出ていないこと。
▶着用具に変形・損傷・発錆などがないこと。
・リールに定められた「シール」が貼付されていること。
・ロープは直線に伸長されており，降着位置に到達していること。
⑤　着用具を着装し，降下して点検を行う。
※緩降機を使用して降下する点検は，取付具・調速器・着用具等の点検・確認を行った後に実施すること。
・降下速度は適正であること。
・降下が円滑で，降下者が旋転されることがないこと。
⑥　格納箱に再格納する。
・格納の際に円滑に格納できること。
▶ロープの巻きつけは，リール自体を回転して行うこと。

※点検の結果，異常又は不都合のある場合は，適正に整備する必要があります。

3．救助袋の点検

（1）点検方法・点検項目　等

① 格納箱を取りはずす

- 取付具のボルト・ナット・連結部等に，ゆるみ・脱落・錆がないこと。
  ▶「トルクレンチ」を用いて，締め付けを確認する。
- 固定部に変形・変色・亀裂等が無いか確認する。

② 誘導綱を投下し，救助袋本体を降ろす。

- 救助袋を展張する際の障害となる電線・樹木・ひさし等がないこと。
- 袋本体に変色・汚損・よじれ・糸切れ・劣化等がないこと。
- 袋本体と展張部材の結合部に変形・損傷・摩耗等の異常がないこと。

③ 入口金具を引き起こす。

- 入口金具の引き起こしが円滑で，回転部分に余分な遊びがないこと。
  ▶引き起こしを電動で行うものは，作動が正常であること。
- 連結部・支持部・入口金具に変形・損傷・錆・亀裂がないこと。

④ 足場用ステップを設定する。

- ステップに変形・損傷・錆・腐食等がないこと。

⑤ （地上操作）固定環ボックスを開け，救助袋を固定する。

- 張設ロープ・滑車・フック等に，損傷・劣化・腐食等がないこと。
- 固定環ボックス・固定環・フタ等に変形・発錆・脱落等がないこと。
- 固定環ボックスの水抜口がゴミ等でふさがれていないこと。
- 袋本体と展張部材の結合部に変形・損傷・摩耗等の異常がないこと。

⑥ 降下点検をして，再格納する。

- 降下速度は適正で，降下は円滑であること。
- 開口部・降下空間・避難空地等が適正に管理されていること。
- 救助袋の下部出口は，地盤面等との間に適正な間隔があること。
- 格納する際，円滑に格納できること。

※点検の結果，異常又は不都合のある場合は，適正に整備する必要があります。

解いてみよう!! よく出る問題

1. 避難器具の点検

問題1　避難はしごの点検についての記述のうち，誤っているものはどれか。

(1) つり下げ金具は，固定部材に確実に取り付けられること，かつ，容易に取り付けられる状態であることを確認する。
(2) 取付具，固定部材，格納箱等に，変形，損傷，錆，腐食等の異常がないことを確認する。
(3) 収納式の場合は，固定状態，取付状態及び突子に異常がないことを確認する。
(4) ボルト，ナットに緩み等の異常がないことを確認する。

解き方と解説 (P.133参照)

避難はしごの点検として，次のような基本的な事柄があります。
① 縦棒・横桟・突子などに変形・損傷・錆・腐食等の異常がないこと。
② はしご全体が円滑に展長し，ゆがみ・変形等がないこと。
③ 縦棒は垂直に，横桟は水平になっていること。
④ 回転部・折りたたみ部・伸縮部が円滑に作動すること。
⑤ ボルト・ナットに緩み等の異常がないこと。
(3)が誤りです。収納式は固定式の一種で突子はありません。
(1)(2)(4)は，正しい記述です。　解答(3)

問題2　緩降機の点検について，誤っているものは次のうちどれか。

(1) 油圧式の調速器については，油漏れを重点に点検した。
(2) 取付具のボルト・ナットの締付状態をトルクレンチで確認した。
(3) リールのシールが脱落して無くなっていたので，何らの手続きをしないで新しいシールを貼った。
(4) ロープを左右に引いて調速器の作動状況を確認したところ，軽くではあるが抵抗感があったので，専門業者に調整を依頼した。

解き方と解説 (P.134参照)

点検に係る項目は，実技試験や実務につながる部分です。

(1)：○　油圧式調速器は，劣化などによる油漏れを重点に点検します。

(2)：○　一定の締め付けが確認できる**トルクレンチ**が用いられます。

(3)：○　シールは，**リールを投下すること**及び**ロープの長さの確認**のためのものなので，脱落の場合は貼付しておく必要があります。

(4)：×　ロープを引いたとき，**軽い抵抗感がある状態が正常**です。正常なものを調整に出す必要は有りません。

解答(4)

問題3　**救助袋の点検についての記述のうち，誤っているものは次のうちどれか。**

(1)　入口金具の引き起こしが円滑であり，また，回転部分に余分な遊びがないことを確認した。

(2)　固定環ボックスは適正に蓋がされていたので，外観から点検をして表示が判別しやすいように清掃をした。

(3)　取付け具のボルト，ナット等の締付けを，トルクレンチを用いて点検をした。

(4)　救助袋を展張する付近の電線・樹木・ひさし等を確認したのち救助袋を展張して，降下速度の確認をした。

解き方と解説 (P.135参照)

(1)：○　入口金具の回転部分は，余分な遊びが出やすい部分であるので，がたつき等が無いことを確認します。

(2)：×　内部の固定環等の状況を確認する必要があります。

(3)：○　ボルト・ナット等は，トルクレンチを用いて緩みのほかに適正な締付であるかを必ず確認します。

(4)：○　降下空間に障害が無いこと，降下速度の確認をします。

解答(2)

第3編-1

消防関係法令-共通

ここが攻略ポイントだ！！

1．消防活動

消防活動とは，**火災予防・消火活動・人命安全のための活動**をいいます。

また，消防活動は，消防関係法令・省令・火災予防条例・建築基準関連法令等に基づき，**市町村が主体**となって行い，**市町村長が管理**をします。

市町村は消防事務を処理するため，**消防本部・消防署**又は**消防団**の全部又は一部を設けることが定められており，下記のような組織図となります。

［1］消防本部・消防署を設ける市町村の場合

［2］消防本部を設けない市町村の場合（消防団が設けられます）

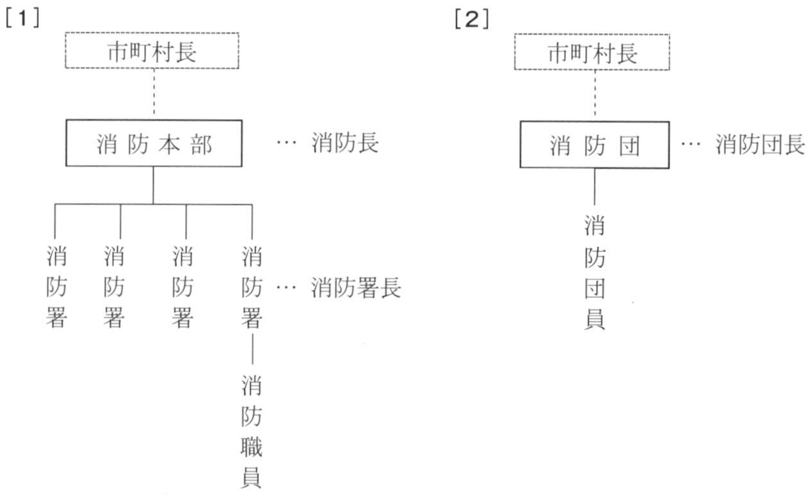

- **消防本部の長を「消防長」といいます。消防長が命令・指揮・監督を行い，消防署が消防事務を処理します。**
- **消防本部を置かない市町村では，直接 市町村長が命令・指揮・監督を行い，それに基づいて消防団が活動します。**
- **複数の市町村が一体となって組織されるものを，広域消防といいます。**

2．火災予防の措置

（法3条）

◆屋外における措置

消防長・**消防署長**・**消防吏員**は，屋外における火災予防・避難その他の消防活動の障害除去のための**措置命令**を出すことができます。

［例］・焚き火・喫煙・火気使用等の禁止・停止・制限・消火準備など
　　・燃焼のおそれのある物件の除去，その他の処理等

※命令が履行されない等の場合は，行政代執行法により消防職員又は第三者にその措置をとらせることができます。

◆防火対象物に対する措置

消防長又は**消防署長**は，防火対象物における**火災予防に必要ある場合**は，次の措置をとることができます。

① **資料の提出**を命じ，もしくは**報告**を求める。

② **立入検査**（予防査察）を行う。

- 消防職員を**あらゆる場所に立ち入らせて**，消防対象物の位置・構造・設備・管理の状況を**検査させ**，関係者に**質問させる**ことができます。
- 立ち入る場合は，市町村長の定める「**証票**」を携帯し**関係者から請求があったときには提示**しなければならない。

※消防長又は消防署長は，防火対象物の位置・構造・設備・管理状況により，使用の禁止・停止・使用制限等の火災予防措置命令を出すことができます。

3．消防同意

（法7条）

建築物の新築・増築・改築・移転・修繕・用途変更・使用等について**許可・認可・確認**を行う**行政庁**又は**指定確認検査機関**は，予め，管轄する**消防機関の同意**（消防同意）が必要となります。**消防同意の無い許可・認可・確認**は**無効**となります。

［**注意**］消防同意は**行政機関等**と**消防機関**との間で行われる行為です。
　　　建築主や施主が行う行為ではありません！

確認・許可・認可の申請　　　　同意を求める

建築主 等

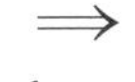

行政官庁（市町村等）

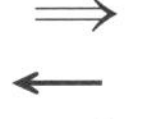

消防長 又は 消防署長

確認・許可・認可　　　　同 意

4．防火対象物（政令別表第1）

（政令別表第一）		防火対象物　　特定防火対象物
(1)	イ ロ	劇場，映画館，演芸場，観覧場 公会堂，集会場
(2)	イ ロ ハ ニ	キャバレー，カフェー，ナイトクラブ，その他これらに類するもの 遊技場，ダンスホール 性風俗関連特殊営業店舗，その他総務省令で定めるこれに類するもの カラオケボックスその他遊興の設備・物品等を個室で利用させる店舗で総務省令で定めるもの
(3)	イ ロ	待合，料理店，その他これらに類するもの 飲食店
(4)		百貨店，マーケット，その他の物品販売業を営む店舗又は展示場
(5)	イ ロ	旅館，ホテル，宿泊所，その他これらに類するもの 寄宿舎，下宿，共同住宅
(6)	イ ロ ハ ニ	病院，診療所，助産所 老人短期入所施設，養護老人ホーム，介護老人保健施設，有料老人ホーム，軽費老人ホーム，救護施設，乳児院，障害児入所施設，障害者支援施設，等【避難が困難な要介護者の入居・宿泊施設，避難が困難な障害者等の入所施設】 老人デイサービスセンター，老人介護支援センター，児童養護施設，一時預り業施設 厚生施設，保育所，助産施設，放課後等デイサービス業施設等【主に通所施設】 幼稚園，特別支援学校　（ロハは施設の概要）
(7)		小学校，中学校，高等学校，中等教育学校，高等専門学校，大学，専修学校，各種学校，その他これらに類するもの
(8)		図書館，博物館，美術館，その他これらに類するもの
(9)	イ ロ	公衆浴場のうち，蒸気浴場，熱気浴場，その他これらに類するもの イにかかげる以外の公衆浴場
(10)		車両の停車場，船舶・航空機の発着場（旅客の乗降・待合のための建築物）
(11)		神社，寺院，教会，その他これらに類するもの
(12)	イ ロ	工場，作業場 映画スタジオ，テレビスタジオ
(13)	イ ロ	自動車の車庫・駐車場 飛行機・回転翼航空機の格納庫
(14)		倉庫
(15)		前各項に該当しない事業場
(16)	イ ロ	複合用途防火対象物のうち，その一部が(1)～(4)(5)イ(6)(9)イに掲げる防火対象物の用途に供されているもの イに掲げる以外の複合用途防火対象物
(16)の	2	地下街
(16)の	3	建物の地階で地下道に面したもの，及び地下道　（特定用途が存するもの）
(17)		重要文化財，重要有形民俗文化財，史跡，重要美術品である建造物 等
(18)		延長50m以上のアーケード
(19)		市町村長の指定する山林
(20)		総務省令で定める舟車

（1）特定防火対象物

不特定多数の人が出入りし，火災危険が大きく，火災時の**避難が容易でない**防火対象物を**特定防火対象物**といいます。

政令別表第一において「イ・ロ・ハ」の部分が**黒く網掛け**されているものが**特定防火対象物**に該当します。

特定防火対象物は消防用設備等の設置基準等が厳格なものとなるので，特定防火対象物か否かの判別を常に心がける必要があります。

（2）複合用途防火対象物

複合用途防火対象物は（16）項の防火対象物となるが，別表第一で区分された**２以上の用途に供される防火対象物**を**複合用途防火対象物**といいます。

(16)イと（16)ロの違いは次のとおりです。

(16)イ：複合用途防火対象物のうち，その一部に「特定防火対象物」が**在する場合は，建物全体が特定防火対象物**の扱いとなります。

(16)ロ：複合用途防火対象物であるが「特定防火対象物」が**ない**場合は，**非特定防火対象物**の扱いとなります。

≪（16)イの例 ≫

階	用途	項
4 F	事務所	(15)項
3 F	事務所	(15)項
2 F	事務所	(15)項
1 F	**＊喫茶店**	**(3)項**

≪（16)ロの例 ≫

階	用途	項
4 F	事務所	(15)項
3 F	事務所	(15)項
2 F	**＊学習塾**	**(7)項**
1 F	事務所	(15)項

※特定用途部分が，延べ面積の10％以下，かつ，300 m²未満の場合は，特定防火対象物の扱いとしないで（16)ロの建物として扱います。

（3）その他の注意点

①（5)イは特定防火対象物であるが，（5)ロは，常に特定の人が居住する施設であることから，特定防火対象物とはなりません。

②（8）項の 図書館・博物館・美術館は，特定防火対象物ではありません。

③ **事務所**は（15）項に該当する。（1）～（14）項までに該当しない事業場は（15）項の扱いとなります。

④ **幼稚園**は**特定防火対象物**，**小学校以上**は**非**特定防火対象物となります。

⑤（6)ロは，あらゆる面で厳しい基準となるので注意が必要です。

5．防火管理者

（法8条，令3条，則2条）

定められた防火対象物の**管理の権原者**は，一定の資格を有する者のうちから**防火管理者**を選任することが定められています。

防火対象物の管理の権原者が防火管理者を**選任**または**解任**した場合は，遅滞なく**消防長又は消防署長**に**届け出**ることとされています。

（1）防火管理者を選任する基準

① 政令別表第一（6）ロ，(16)イ及び（16）の2のうち（6）ロの用途部分が存するもの。 … **収容人員10名以上**のもの。

② 特定防火対象物 … **収容人員30名以上**のもの。（前項①を除く）

③ 非特定防火対象物 … **収容人員50名以上**のもの。((18)～(20)項を除く)

④ 新築工事中の建築物 … **収容人員50名以上**で定められたもの。

⑤ 建造中の旅客船 … **収容人員50名以上**で定められたもの。

この項では，特定防火対象物で延べ面積300 m^{2}以上のもの，非特定防火対象物で延べ面積500 m^{2}以上のものを**甲種防火対象物**といい，それ未満の延べ面積のものを**乙種防火対象物**といいます。

甲種防火対象物は甲種防火管理者が管理をすることができ，乙種防火対象物は甲種及び乙種防火管理者が管理をすることができます。

（2）防火管理者の責務

防火管理者は防火対象物に係わる**消防計画を作成**し，所轄の消防長又は消防署長に届け出るとともに，次の業務を行わなければならない。

① 消火・通報・避難訓練の実施

② 消防用設備類・消防用水・消火活動上必要な施設の点検・整備

③ 火気の使用・取扱いに関する監督

④ 避難又は防火上必要な構造・設備の維持管理

⑤ 収容人員の管理・その他防火管理上必要な業務

（3）統括防火管理者の選任

(1)高層建築物，(2)管理の権限が分かれている防火対象物，(3)管理権限が分かれた地下街のうち消防長又は消防署長が指定したものの管理権原者は，防火対象物全体を統括管理する**統括防火管理者**を**選任**しなければならない。

6．防火対象物の点検・報告

（法8条の2の2）

下記に該当する防火対象物の管理権原者は，**火災予防上必要な事項等**について**資格のある者**に**点検**をさせ，その結果を**報告**する定めがあります。

(1) 点検・報告の基準

（令8条の2の2，則4条の2の4）

① **特定防火対象物**のうち，次の**いずれかに該当**するもの。

・収容人員が300人以上のもの。

・特定1階段等防火対象物 （(6)項ロの用途が存する収容人員10人以上のもの，それ以外の用途の30人以上のものが該当）

② **点検の期間**：1年に1回

③ **点検資格者**：防火対象物点検資格者

点検基準に適合していると認められた防火対象物は，総務省令で定めた**表示**をすることができます。

点検・報告の開始後，過去3年以内に命令等の違反や管理権原者の変更等がない場合は，申請により点検・報告の**特例**の認定を受けることができ，以後**3年間**について**定期点検・報告義務が免除**されます。

特例の認定を受けた場合，特例認定の表示をすることができます。

【特定1階段等防火対象物】 概要

（消則第23条第4項7号へ）

特定用途部分が地階又は3階以上の避難階以外の階（1階・2階を除く）に存する防火対象物で，当該避難階以外の階から避難階又は地上に直通する階段が2（屋外階段の場合は1）**以上**設けられていないものをいう。

ポイント

・**特定防火対象物**が**地階**又は**3階以上**の避難階以外の階にある。

・当該階から避難階又は地上に直通する**階段**が**屋内**に**1個所**の**防火対象物**をいう。

・階段が**屋外にある**場合は**1個所**でも，特定1階段等防火対象物とはならない

※この形の建物は小規模ビルに最も多く，災害時に避難が容易でないことから基準の適用が非常に厳しいものとなっています。

７．消防用の設備等

（法17条，令７条）

次に該当するものが**消防の用に供する設備等**として設置が認められます。

① 法令で定められたもの。（ルートA）

・法令で定める**消火設備・警報設備・避難設備，消防用水・消火活動上必要な施設**をいいます。（通常用いられる消防用設備等）

消火設備	消火器，簡易消火用具（水バケツ，水槽，乾燥砂，膨張ひる石，膨張真珠岩） 屋内消火栓設備，屋外消火栓設備，スプリンクラー設備， 水噴霧消火設備，泡消火設備，不活性ガス消火設備，粉末消火設備 ハロゲン化物消火設備，動力消防ポンプ設備
警報設備	自動火災報知設備，ガス漏れ火災警報設備，漏電火災警報器， 消防機関へ通報する火災報知設備， 非常警報器具（警鐘，携帯用拡声器，手動式サイレン，その他の非常警報器具） 非常警報設備（非常ベル，自動式サイレン，放送設備）
避難設備	避難はしご，救助袋，緩降機，すべり台，避難橋，その他の避難器具 誘導灯・誘導標識

消防用水	防火水槽，これに代わる貯水池，その他の用水
消火活動上必要な施設	排煙設備，連結散水設備，連結送水管，非常コンセント設備，無線通信補助設備

② 必要な防火安全性能を有する設備等（ルートB）　（令29条の４）

・必要とされる**防火安全性能を有する消防の用に供する設備**として**消防長**又は**消防署長**が認めるもの。

・防火安全性能とは，⑴**初期拡大抑制性能**，⑵**避難安全支援性能**，⑶**消防隊活動支援性能**をいう。

・技術上の基準等に適合することにより認められる。

［例］・パッケージ型消火設備，パッケージ型自動消火設備 等

③ 大臣認定による特殊消防用設備等（ルートC）　（法17条の２の２）

・消防用設備等と同等以上の性能を有し，**設備等設置維持計画に従って設置**し，**維持**するものとして**総務大臣が認定**したもの。

・総務大臣が認定しようとするときは，その旨を関係消防長または消防署長に通知しなければならない。

［例］・加圧防煙システム（排煙設備）等

8．消防用の設備等の工事

消防用設備等又は特殊消防用設備等の工事又は整備を行うには，消防設備士の免状が必要となります。

消防用の設備等の設置は，**着工届 → 設置届 → 設置検査**の手順で行われます。

◆着 工 届　（法17条の14）

消防用設備等及び特殊消防用設備等の工事をするときは，**工事着手日の10日前までに**，消防長又は消防署長に**着工届**を提出しなければなりません。

▶ **届出義務者**：工事に係る**甲種消防設備士**

◆設 置 届

工事の完了日から4日以内に，消防長又は消防署長に届け出をします。

設置届の届け出義務者は**防火対象物の関係者**となるので注意して下さい。

▶ **届出義務者**：**防火対象物の関係者**（所有者，管理者 又は 占有者）

◆設置検査　（法17条の3の2，令35条）

設置届を提出した後に，次の防火対象物は**検査**を受けることになります。

（1）検査の対象となるもの

① 令別表第一 **(2)ニ**，**(5)イ**，**(6)イ**(1)～(3)，**(6)ロ**の防火対象物（カラオケボックス等，旅館・ホテル等，病院・福祉施設等）

② 令別表第一 **(6)ハ**（利用者を入居又は宿泊させるもの）

③ 令別表第一 (16)イ，**(16)** の2・3（上記①②が存するもの）

④ **特定防火対象物で延面積が300㎡以上**のもの。（上記①②③以外）

⑤ **非特定防火対象物**で**延面積が300㎡以上**で消防長又は消防署長等から**指定されたもの**。

⑥ **特定1階段等防火対象物**

（2）検査を受けなくてよい設備等

設置された防火対象物の種類に関係なく，**簡易消火用具**，**非常警報器具**及び省令で定める舟車は，検査を受ける必要がありません。

9．定期点検

（法17条3の3，令36条，則31条の6）

消防用設備等の設置を義務付けられた防火対象物の関係者は，設置された消防用設備等又は特殊消防用設備等について定期的に点検し，技術基準を維持することとされています。

（1）定期点検・報告の義務 〔政令別表第一（20）項以外のすべて〕

① 特定防火対象物で，**延面積が1000 m^{2}以上**のもの。
② 非特定防火対象物は，**延面積が1000 m^{2}以上**で，消防長又は消防署長等から**指定されたもの**。
③ 特定1階段等防火対象物

※①～③は消防設備士又は消防設備点検資格者に点検させなければならない。
※上記以外のものは，関係者自らが点検し報告することができます。

（2）定期点検の種類

機器点検…消防用設備・機器等の配置，損傷の有無及び，簡易操作による機能の確認等を行う。
・点検期間：**6ヵ月**

総合点検…消防用設備等の全部又は一部を作動させて，総合的な機能を点検する。
・点検期間：**1年**

※点検結果は「維持台帳」に記録し，必ず残さなければなりません。
※特殊消防用設備等の点検は，設備等設置維持計画に定められた期間ごとに行います。

（3）点検結果の報告

防火対象物の関係者は，**点検結果**について，下記区分に従い消防長又は消防署長に**報告**しなければなりません。

特定防火対象物　　…1年に1回
特定防火対象物 以外…3年に1回

10. 新基準に対する措置　（法17条の2の5，令34条）

消防用の設備等は，技術上の基準等が改訂された際には，新基準に適合させるための改修・変更等をすることが原則であるが，既存の消防用の設備等が新基準に適合しない場合は，「適用除外の特例」により，従前の基準を適用するとされています。

（1）新基準に適合させなくてよいもの

① 既存の防火対象物に設置されている消防用の設備等
② 現に新築・増築・改築等の工事中の防火対象物の消防用の設備等

（2）新基準に適合させなければならないもの

◆消防用設備類

・消火器，簡易消火用具　・避難器具　・漏電火災警報器
・非常警報器具，非常警報設備　・誘導灯，誘導標識
・自動火災報知設備（重要文化財等・特定防火対象物に設置のもの）
・ガス漏れ火災警報設備（特定防火対象物，温泉採取施設に設置のもの）

◆防火対象物

・従前の規定に違反しているもの。
・**規定施行後**に床面積の合計が**1000 m²以上**，主要構造壁，又は床面積の合計が**2分の1以上**の増築・改築，大規模修繕をするもの。
・**特定防火対象物**であるもの。（用途変更は，変更後の用途が対象）

11. 検定制度

（法21条の２，令37条）

消防用の一定の機械器具・設備，消火薬剤等は，火災予防，消火，又は人命救助等に重大な影響を及ぼすことから，国において検定を行います。

（１）型式承認

- 検定対象機械器具等の型式に係わる形状等が総務省令で定める技術上の規格に適合している旨の承認をいいます。
- 「**総務大臣**」が承認を行います。

（２）型式適合検定

- 型式承認を受けた型式に係わる形状等に適合しているかどうかを総務省令で定める方法によって行う検定をいいます。
- 「**日本消防検定協会**」又は「**登録検定機関**」が行います。
- **型式適合検定に合格**したものには，**「合格証」**が付されます。
- 検定対象機械器具等で**合格表示が無いもの**は**販売**し，又は販売の目的で**陳列**してはならない。また，設置・修理等の**工事**にも使用できません。

◆合格証の例

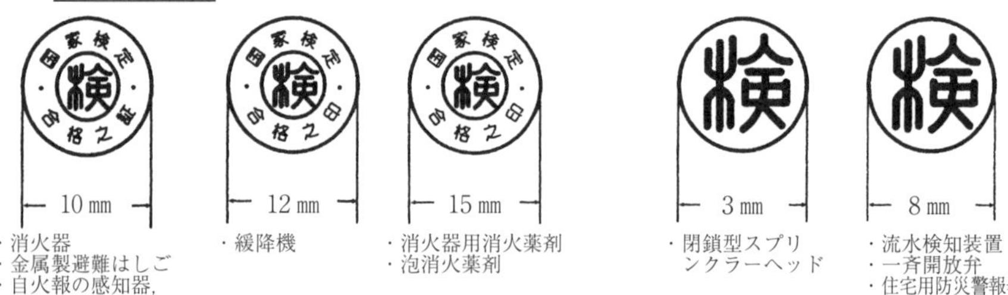

◆検定が定められているもの

- 消火器　・消火器用消火薬剤（CO_2を除く）　・泡消火薬剤（水溶性液体用を除く）
- 閉鎖型スプリンクラーヘッド　・一斉開放弁（スプリンクラー用，内径300 mm 以内のもの）
- 流水検知装置（スプリンクラー 水噴霧 泡消火設備に使用するもの）
- 自動火災報知設備の（感知器 発信機 中継器 受信機）
- ガス漏れ火災警報設備の（中継器 受信機）
- 金属製避難はしご　・緩降機　・住宅用防災警報器

検定対象以外の機械器具等

(法21条の16の2，令41条)

検定対象機械器具等以外のものであっても，火災予防・警戒・消火・人命救助等に重大な影響のあるものは，一定の技術基準が定められています。

技術基準等にてらして「**自己認証**」「**品質評価**」「**認定**」「**性能評定**」の区分により評価が行われます。

(1) 自己認証（自主表示対象機械器具等）

自主表示対象機械器具等の**製造業者・輸入業者**は，その**形状等**を総務省令で定める方法で検査をし，技術上の規格に適合している場合はその旨の表示をすることができます。

◆自主表示対象機械器具等

・動力消防ポンプ　・消防用吸管　・消防用吸管のねじ式結合金具
・消防用ホース　・消防用ホースの差込式又はねじ式結合金具
・漏電火災警報器　・エアゾール式簡易消火具

◆表示の例

<動力消防ポンプ>　<消防用吸管>　<消防用ホース>

(2) 品質評価（受託評価）

製造者等の依頼により，消防用の機械器具等に関する評価を行うため，日本消防検定協会が行います。

表示は機器類により，証票の貼付・刻印・捺印・印刷・熱加硫などの方法で行われます。

(3) 認　定

消防庁長官が定める基準（告示基準）があるものについて，消防用設備等又は機械器具が，その基準の全部又は一部に適合しているか認定する制度です。「登録認定機関」が認定を行うことができます。

(4) 性能評定

特に技術上の基準の定めのないものについて，一定以上の性能を有するか否かの評定を行う制度で，学識経験者等の委員会，㈶日本消防設備安全センターが行っています。

12. 消防設備士

（法17条の5，令36条の2，則33条の2）

消防用設備等又は特殊消防用設備等の工事又は整備を行うには，消防設備士の免状が必要です。

消防設備士免状は，消防設備士試験に合格した者に対し試験を実施した**都道府県知事**が**交付**します。**いずれの都道府県でも有効**です。

（1）免状の種類と業務

甲種消防設備士	特類・第1類～5類	該当する類の設備の**工事**・整備・点検
乙種消防設備士	第1類～7類	該当する類の設備の…　・整備・点検

（2）免状の手続き

交付	◈免状の交付申請 （試験の合格を証する書類を添付）	◈都道府県知事 合格地
書換	◈記載事項の変更（氏名・本籍の変更） （遅滞なく申請をする） ◈貼付した写真が10年を経過したとき	◈都道府県知事 居住地　又は 勤務地 交付地
再交付	◈亡失・滅失したとき （後日，亡失した免状が見つかった場合は，10日以内に亡失した免状を提出する） ◈汚損・破損したとき（当該免状を添えて申請する）	◈都道府県知事 交付地　又は 書換地

（3）消防設備士の重大義務

① **誠実業務実施義務：**

消防設備士は，その**業務を誠実に行い**，工事整備対象設備等の**質の向上**に努めなければならない。

② **免状の携帯義務：**

業務に従事する時は**免状を携帯**しなければならない。

③ **法定講習の受講義務：**

都道府県知事が行う消防用設備等の工事又は整備に関する**講習を受講**しなければならない。

・免状の交付日以後の最初の4月1日から2年以内，その後は，法定講習を受けた日以後の最初の4月1日から5年以内ごとに受講する。

・法定講習は，①特殊消防用設備，②消火設備，③警報設備，④避難設備・消火器，の4区分で行われます。

・法定講習は，消防設備士免状の保有者全員に受講義務があります。

（4）消防設備士の業務

消防設備士免状のない者は，消防用設備等又は特殊消防用設備等の工事又は整備を行うことができません。

(5) 消防設備士でなくても行える工事・整備

① **電源・水源・配管**に関する工事… 1 類の設備，特類の定められた設備

② **電源工事**… 2 類・ 3 類・ 4 類の設備

③ **表示灯の交換**その他総務省令で定める**軽微な整備**は行えます。

▶消火栓のホース・ノズルの交換，ヒューズ類・ねじ類などの部品の交換

▶消火栓箱・ホース格納箱の補修，その他これらに類するもの

(6) 設備類の区分と業務範囲

種類	消防設備士に限られるもの	指定のないもの
甲種特類	特殊消防用設備等	
第 1 類	屋内消火栓設備，屋外消火栓設備 スプリンクラー設備，水噴霧消火設備	＊電源・水源・配管工事 ・動力消防ポンプ設備
第 2 類	泡消火栓設備	＊電源工事
第 3 類	不活性ガス消火設備，粉末消火設備 ハロゲン化物消火設備	＊電源工事
第 4 類	自動火災報知設備 ガス漏れ火災警報設備 消防機関へ通報する火災報知設備	＊電源工事 ・非常警報器具設備 ・誘導灯・誘導標識
第 5 類	金属製避難はしご，救助袋，緩降機	・避難橋，すべり台 他 ・誘導灯・誘導標識
第 6 類	消火器 ［整備のみ］	・簡易消火用具
第 7 類	漏電火災警報器 ［整備のみ］	・非常警報器具設備

免状区分：甲種（甲種特類～第 5 類），乙種（第 1 類～第 7 類）

消防用水		・防火水槽，貯水池 ・その他の用水
消火活動上必要な施設		・連結送水管，排煙設備 連結散水設備 非常コンセント設備 無線通信補助設備

解いてみよう!! よく出る問題

1. 消防活動・火災予防・消防同意

問題1 **火災予防についての記述のうち，誤っているものはどれか。**

(1) 消防本部を置かない市町村の長は，消防団員に命じて消防活動の支障となる物件を除去させることができる。

(2) 消防長は火災予防措置命令が履行されないときは，行政代執行法により消防職員に必要な措置をとらせることができる。

(3) 消防長の命令により防火対象物の立入検査をする消防吏員は，市町村長の定める「証票」を防火対象物の関係者に提示した後において検査をすることができる。

(4) 消防長又は消防署長は，防火対象物における火災予防に必要がある場合は，防火対象物の関係者に対して資料の提出を命じ，若しくは報告を求めることができる。

解き方と解説 (P.140, 141参照)

消防機関の火災予防措置及び防火対象物への予防査察の問題です。

(3)は立入検査（予防査察），(4)は資料提出命令権・報告徴収権の記述です。

立入検査は，**火災予防上の必要がある場合**は**いつでも・どこでも**できる規定になっています。また，(3)の**証票の提示**は，**関係者からの請求があったとき**に提示すればよく，立入検査の前提条件ではありません。

よって，(3)が誤りとなります。(1)(2)(4)は正しい記述です。 解答(3)

問題2 **消防の組織についての記述のうち，誤っているものはどれか。**

(1) 消防活動は市町村が主体となって行い，市町村長が管理する。

(2) 消防本部を置く市町村においては，消防団を置かない。

(3) 消防本部の長が消防長である。消防長が命令・指揮・監督を行い，消防署が消防事務の処理にあたる。

(4) 消防本部を置かない市町村では，直接 市町村長が命令・指揮監督を行い，それに基づいて消防団が活動をする。

解き方と解説 (P.140参照)

消防活動は**市町村が主体**となって行い，**市町村長が管理**をします。

消防本部・消防署又は**消防団**の全部又は一部を設けなければなりません。**消防本部の長**を「**消防長**」といいます。消防本部を置く場合は，消防長が命令・指揮・監督を行い，消防署が消防事務を処理します。

消防本部を置かない市町村では，直接 **市町村長**が**命令**・指揮・監督を行い，それに基づいて消防団が活動します。

(2)：×　消防本部を置いた場合でも，多くは消防団を置いています。

上記したように(1)(3)(4)は，消防長・消防署長・市町村長等の役割を正しく述べています。 解答 (2)

問題3 **消防法に定める消防同意について，誤っているものはどれか。**

(1) 建築物の許可，認可，確認の権限を有する行政庁等が建築物等について，管轄する消防長又は消防署長の同意を得る行為である。

(2) 建築に着手しようとするものは，行政庁等の窓口で確認申請をすると同時に消防同意の申請をすることができる。

(3) 消防同意がなければ，行政庁等は許可，認可，確認をすることができない。また，消防同意のない許可，認可，確認は無効である。

(4) 消防長又は消防署長は，防火に関するものに違反しないものである場合は，一定の期日以内に同意を与えなければならない。

解き方と解説 (P.141参照)

建築物の新築・改築・修繕・使用などについて**許可・認可・確認**を行う**行政庁**又は**指定確認検査機関**は，予め，管轄する**消防機関の同意**を得る規定となっています。**消防同意の無い許可・認可・確認**は**無効**となります。

消防機関は，建築物の防火に関するものに違反していない場合は，①一般の建築物・建築設備に関する確認は 3 日以内，②その他は 7 日以内に同意を与え，行政庁等に通知しなければなりません。また，同意できない事由があるときは，その事由を上記期限内に通知します。

消防同意は**行政機関等**と**消防機関**との間で行われる行為で，建築主や施主等が消防同意に係ることは有りません。 解答 (2)

2. 防火対象物

問題4　防火対象物についての記述のうち，誤っているものはどれか。

(1) 特定防火対象物とは，不特定多数の者が出入し，火災の危険が大きく，火災時の避難が容易でない防火対象物をいう。

(2) 政令別表第一の（5）項に区分されている共同住宅のうち，15階建ての専用住宅マンションは非特定防火対象物である。

(3) 事務所は，政令別表第一（1）～（14）項までに該当しない事業場であることから，（15）項の防火対象物としての扱いとなる。

(4) 複合用途防火対象物とは，政令別表第一に示す2以上の用途に供される防火対象物をいい，異種用途が混在することから特定防火対象物となる。

解き方と解説　(P.142，143参照)

法令問題は長文化の傾向にありますが，内容自体は複雑ではありませんので，長文に慣れておきましょう。

(1)：○　**不特定多数の人が出入り**し，**火災危険が大きく**，火災時の**避難が容易でない**防火対象物を**特定防火対象物**といいます。正しい記述です。

(2)：○　（5）項には，旅館・ホテルなどが属する（5）$_{イ}$と，共同住宅・寄宿舎が属する（5）$_{ロ}$があります。（5）$_{イ}$は特定防火対象物ですが，（5）$_{ロ}$は，不特定の人が居住又は宿泊する施設ではないので，専用住宅である限り特定防火対象物とはなりません。

(3)：○　事務所などのように政令別表第一（1）～（14）項までに該当しない事業場は**（15）**項の扱いとなります。

(4)：×　複合用途防火対象物には，特定用途部分が含まれるために特定防火対象物として扱われる（16）$_{イ}$と，基本的に特定用途部分が含まれない非特定防火対象物の（16）$_{ロ}$があります。

解答(4)

≪（16）$_{イ}$の例≫

階	用途	項
3F	事務所	(15)項
2F	事務所	(15)項
1F	**＊飲食店**	(3)項

≪（16）$_{ロ}$の例≫

階	用途	項
3F	事務所	(15)項
2F	**＊学習塾**	(7)項
1F	事務所	(15)項

問題5 下記のうち，消防関係法令において特定防火対象物としているものはいくつあるか。

・百貨店　・幼稚園　・病　院　・美術館

(1)　1つ　(2)　2つ　(3)　3つ　(4)　4つ

解き方と解説 (P.142参照)

特定防火対象物は消防用設備等の設置を含めて，取扱いが非常に厳しいものとなります。特定防火対象物であるか否かの判別を的確に行えるように心がけてください。

百貨店（4）項，幼稚園（6）項，病院（6）項の3つが特定防火対象物に該当します。美術館・図書館・博物館は（8）項に該当する**非**特定防火対象物です。図書館・博物館・美術館は間違いやすいので要注意です。

解答(3)

問題6 防火対象物と政令別表第一における区分との組み合わせのうち，誤っているものは次のうちどれか。

(1)　カラオケ…（1）項
(2)　飲 食 店…（3）項
(3)　小 学 校…（7）項
(4)　事 務 所…（15）項

解き方と解説 (P.142参照)

カラオケボックス，ナイトクラブ，遊技場などは（2）項の代表的なものです。また，（1）～（6）項までは（5）ロを除いて特定防火対象物です。

したがって，カラオケボックスは（2）項となります。

解答(1)

※主な防火対象物の「名称」と該当する「項」を把握しておくと，避難器具を設置する際の収容人員の算出がスムーズになります。

3．防火管理者

問題7　**防火管理者についての記述のうち，誤っているものはどれか。**

(1) 定められた防火対象物の管理権原者は，資格を有する者の中から防火管理者を選任しなければならない。

(2) 防火管理者を選任した場合は，その旨を消防長又は消防署長に届け出る。ただし，解任についてはこの限りではない。

(3) 防火管理者が防火管理上の業務を行うときは，必要に応じて当該防火対象物の管理権原者の指示を受けて職務を遂行する。

(4) 防火管理者は，総務省令の定めにより消防計画を作成し，これに基いて消火，通報，避難訓練を定期的に実施しなければならない。

解き方と解説　(P.144参照)

① 下記の防火対象物のうち，一定のものに防火管理者の選任義務があります。
- 学校，病院，工場，事業場，興行場，百貨店，延べ面積1000 m^2以上の小売店舗で百貨店以外のもの
- 複合用途防火対象物
- 多数の者が出入し，勤務し，又は 居住する防火対象物で政令に定めるもの

② 防火管理者を**選任**又は**解任**した場合は，**消防長又は消防署長に届け出る**ことが定められており，無届・不選任などには罰則があります。

③ 防火管理者は，**必要に応じて**防火対象物の**管理権原者の指示**を受けて業務を行います。

④ 防火管理者は消防計画を作成し，これに基づいて次の業務を遂行します。
- 消火・通報・避難訓練の実施
- 消防用設備類・消防用水・消火活動上必要な施設の点検・整備
- 火気の使用・取扱いに関する監督
- 避難又は防火上必要な構造・設備の維持管理
- 収容人員の管理・その他防火管理上必要な業務

したがって，(2)が誤りとなります。　解答 (2)

問題 8　**防火管理者の選任義務があるものとして，誤っているものは次のうちどれか。**

(1)　政令別表第一の（６）項ロに該当する収容人員10名以上のもの。

(2)　延べ面積300 m²以上の特定防火対象物で収容人員30名以上のもの。

(3)　延べ面積500 m²以上の非特定防火対象物で収容人員30名以上のもの。

(4)　建造中の旅客船で収容人員50名以上，かつ，甲板数が11以上の進水後で艤装中のもの。

解き方と解説　(P.144参照)

防火管理者の項では，特定防火対象物で延べ面積300 m²以上のもの，及び非特定防火対象物で延べ面積500 m²以上のものを**甲種防火対象物**といい，それ未満の延べ面積のものを**乙種防火対象物**といいます。

(2)の**甲種防火対象物…収容人員30名以上**，(3)の**甲種防火対象物…収容人員50名以上**のものは，防火管理者を選任しなければなりません。

(4)の場合，また新築工事中の一定の防火対象物にも選任義務があります。

(1)の**（６）項ロ**に該当するものは，**収容人員10名以上**から防火管理者を選任する必要があります。

解答 (3)

問題 9　**防火管理者の業務について，誤っているものは次のどれか。**

(1)　消防計画を作成し，消火・通報・避難訓練を実施する。

(2)　火気の使用・取扱いに関する監督を行う。

(3)　収容人員の管理・その他防火管理上必要な業務を行う。

(4)　消防用設備類・消火活動上必要な施設の工事，整備を行う。

解き方と解説　(P.144参照)

防火管理者は上記選択肢の(1) (2) (3)の業務を行います。

(4)：消防用設備類の「**工事**」は防火管理者の業務ではありません。正しくは，「**点検**，**整備**」となります。

解答 (4)

4．防火対象物の点検・報告

問題10　**消防法第８条の２の２に定める防火対象物の定期点検についての記述のうち，適切でないものはどれか。**

⑴　特定防火対象物で収容人員が300人以上のものは，定期点検義務がある。

⑵　点検対象事項が点検基準に適合していると認められた場合は，総務省令で定めた表示をすることができる。

⑶　特定一階段等防火対象物で収容人員が30名以上のものは点検義務がある。

⑷　定められた防火対象物の管理権原者は，火災予防上必要な事項を自らが点検し，その結果を１年に１回報告しなければならない。

解き方と解説

（P.145参照）

小規模なビルの火災にもかかわらず，大惨事を引き起こした経験から生まれた規定です。下記に該当する防火対象物の管理の権原者は，**火災予防上必要な事項等を１年に１回**，**防火対象物点検資格者**に**点検**をさせ，**報告をする**ことが義務付けられています。

○ **特定防火対象物**のうち，次の**いずれかに該当**するもの。

▶ **収容人員が300人以上**のもの。

▶ **特定１階段等防火対象物**（一定要件に該当するもの）

点検基準に適合していると認められた場合は，総務省令で定めた**表示**をすることができます。（表示は義務ではありません）

点検・報告の開始後，過去３年以内に命令等の違反や管理権原者の変更等除外規定に該当しない場合は，申請により点検・報告の**特例認定**を受けることができ，以後**３年間**について**定期点検・報告義務が免除**されます。

特例の認定を受けた場合，特例認定の表示をすることができます。

本問は⑷が誤りです。点検は専門知識を持った**防火対象物点検資格者**に**点検させる**こととなっています。

解答 ⑷

5．消防用の設備等

問題11 **消防の用に供する設備等としての認定について，誤っているものは次のうちどれか。**

(1) 消防用の設備等は，法令で定められたものの他，防火安全性能の評価が行われ，技術基準に適合するものは設置が認められる。

(2) 必要とされる防火安全性能を有する消防の用に供する設備として消防長又は消防署長が認めるものは設置が認められる。

(3) 消防法施行令第７条に定める消火設備，警報設備，避難設備のうち，消防庁長官が認めるものは設置が認められる。

(4) 消防用設備等と同等以上の性能を有し，設備等設置維持計画に従って設置し，維持するものとして総務大臣が認定したものは設置が認められる。

解き方と解説 (P.146参照)

種々の性能を持つ消防用の設備類が開発されていることから，法規定だけにとらわれずに，防火安全性能を評価し，一定基準以上のものは設置が認められるしくみとなっています。次のものが消防の用に供する設備等として認められます。

① **法規定**によるもの。(ルートA)

・法で定められた消火設備・警報設備・避難設備・消防用水・消火活動上必要な施設をいいます。

② **必要な防火安全性能を有する設備等**（ルートB)

・必要とする防火安全性能を有する消防の用に供する設備であり，かつ定められた技術基準等に適合すると**消防長又は消防署長が認めるもの**。

③ **大臣認定による特殊消防用設備等**（ルートC)

・特殊の消防用設備等その他の設備等であって，消防用設備等と同等以上の性能を有し，設備等設置維持計画に従って設置し，維持するものとして**総務大臣が認定したもの**。

(3)の法令で規定されているものは，認定等の手続きは必要ありません。

(3)が誤りです。(1)(2)(4)は正しく説明しています。　解答(3)

6．消防用設備等の工事・検査

問題12　消防用設備等又は特殊消防用設備等の工事についての記述のうち，誤っているものはどれか。

(1)　工事に係る消防設備士は，工事着手日の10日前までに，消防長又は消防署長に着工届を提出しなければならない。

(2)　工事の着工届は，設置工事と同様に変更工事においても消防長又は消防署長に提出しなければならない。

(3)　工事に係わった消防設備士は，工事が完了した日から4日以内に，消防長又は消防署長に設置届を提出しなければならない。

(4)　設置届を提出した後に，一定の防火対象物は検査を受けなければならない。

解き方と解説 (P.147参照)

消防用の設備等の設置（変更）工事は，**着工届 → 設置届 → 設置検査**の手順で行われます。

着工届：**工事着手日の10日前までに**，消防長又は消防署長に**着工届**を提出します。
着工届の**届出義務者は**，工事に係る**甲種消防設備士**となります。

設置届：**工事の完了日から4日以内に**，消防長又は消防署長に届け出をします。
設置届の**届出義務者は防火対象物の関係者**となる。注意！

検　査：一定の防火対象物が検査の対象となります。

(3)：×　**設置届**は，個々の防火対象物に消防用設備等を設置したことの届けであるので，**防火対象物の関係者**が届を提出します。

したがって，届け出義務者は消防設備士ではありません。

解答 (3)

問題13　**消防用設備等の設置検査についての記述のうち，正しいものはいくつあるか。**

A　特定防火対象物は延べ面積300 m²以上のものが検査の対象となる。

B　非特定防火対象物に設置する避難設備は検査の必要はない。

C　消防用設備等の設置工事が完了した日から4日以内に設置届を提出し，一定の防火対象物は検査を受けなければならない。

D　特定1階段等防火対象物の消防用設備等は，検査の必要はない。

(1)　1つ　　(2)　2つ　　(3)　3つ　　(4)　4つ

解き方と解説 (P.147参照)

消防機関の検査

・消防用設備等又は特殊消防用設備等を設置した場合，定められた防火対象物は消防機関の**検査**を受けなければなりません。

・**検査**の対象となる防火対象物は，**147頁**で確認ください。

検査を受けなくてよい設備等

設置された防火対象物の種類に関係なく，**簡易消火用具**，**非常警報器具**及び省令で定める舟車は，検査を受ける必要がありません。

A：×　カラオケボックス，ホテル等は面積に係りなく検査対象です。

B：×　非特定防火対象物でも，検査対象となる場合があります。

C：○　正しい記述です。

D：×　特定1階段等防火対象物は規模に関係なく検査対象になります。

したがって，正しいものはCの1個となります。

解答 (1)

7. 定期点検・報告

問題14 **消防用設備等又は特殊消火設備等の定期点検についての記述のうち，誤っているものはどれか。**

(1) 特定１階段等防火対象物については，延べ面積1000 m²以上のものが定期点検，報告の対象となる。

(2) 非特定防火対象物のうち，延べ面積が1000 m²以上で，消防長又は消防署長等から指定されたものは，点検，報告の義務がある。

(3) 特定防火対象物のうち，延面積が1000 m²以上のものの消防用設備等の点検は，消防設備士又は消防設備点検資格者に点検させなければならない。

(4) 特殊消防用設備等の点検の期間は，消防用設備等の点検期間とは別に定められており，特殊消防用設備等設置維持計画に定める期間とされている。

解き方と解説 (P.148参照)

消防用設備等の設置を義務付けられた防火対象物の関係者は，設置された消防用設備等又は特殊消防用設備等について定期的に点検し，技術基準を常に維持することが定められています。

定期点検・報告の義務がある防火対象物

政令別表第一の（20）項を除くすべてのものが対象となります。

① 特定防火対象物で，**延面積が1000 m²以上**のもの。

② 非特定防火対象物は，**延面積が1000 m²以上**で，消防長又は消防署長等から**指定されたもの**。

③ 特定１階段等防火対象物

※①～③は消防設備士又は消防設備点検資格者に点検させなければならない。

※上記以外のものは，関係者自らが点検し報告することができます。

(1)の**特定１階段等防火対象物**は面積と関わりなく**定期点検，報告の義務**があります。

解答 (1)

問題15 **消防用設備等又は特殊消火設備等の定期点検についての記述のうち，誤っているものはどれか。**

⑴ 機器点検は，消防用設備や機器等の配置，損傷の有無及び簡易な操作による機能の確認等を6か月ごとに行う点検である。

⑵ 総合点検は，消防用設備等の全部又は一部を作動させ，または消防用設備等を使用して総合的な機能を点検することをいう。

⑶ 消防用設備等の設置義務のある防火対象物の関係者は，消防用設備等を定期的に点検し，技術基準を維持しなければならない。

⑷ 消防設備士などの有資格者は，定期点検を適正に行い，その結果を遅滞なく消防長又は消防署長に報告しなければならない。

解き方と解説 (P.148参照)

定期点検の種類

機器点検…6か月　　**総合点検…1年**

点検結果は「維持台帳」に記録し，必ず残さなければなりません。

⑷の**報告義務者**は，**防火対象物の関係者**です。

解答⑷

問題16 **消防用設備等又は特殊消火設備等の点検報告の期間についての組み合わせのうち，正しいものはつぎのどれか。**

⑴ 図書館 … 1年に1回

⑵ 公会堂 … 1年に1回

⑶ 幼稚園 … 3年に1回

⑷ 診療所 … 3年に1回

解き方と解説 (P.148参照)

点検結果の報告は，下記区分に従い消防長又は消防署長に**報告**します。

特定防火対象物　　…**1年に1回**

特定防火対象物 以外…3年に1回

⑴図書館（特定防火対象物 以外），⑵⑶⑷（特定防火対象物）

したがって，⑵の公会堂…1年に1回が正解となります。

解答⑵

8．新基準に対する措置

問題17　**消防用設備等の技術上の基準に関する規定が新たに施行又は適用される際の措置について，誤っているものはどれか。**

(1)　既存の防火対象物に設置された消防用設備等が，新たな規定に適合しなくなった場合は，従前の規定を適用するものとする。

(2)　新築，改築等の工事中の防火対象物の消防用設備等が，新基準に適合しなくなった場合は，従前の規定を適用するものとする。

(3)　既存の防火対象物に設置された避難器具は，適用除外の特例により，従前の規定が適用される。

(4)　新基準の施行後に，床面積の合計が1000 m²以上の改築をするものは，新たな基準が適用される。

解き方と解説　(P.149参照)

消防用の設備等は，技術上の基準等が改訂された際には，新基準に適合させることが原則であるが，「適用除外の特例」により，① **従前の基準を適用するもの**と② **新基準に適合させなければならないもの**があります。

① **従前の基準を適用するもの**

・既存の防火対象物に設置されている消防用の設備等

・現に新築・増築・改築等の工事中の防火対象物の消防用の設備等

② **新基準に適合させなければならないもの**

・消火器，簡易消火用具　・避難器具　・漏電火災警報器

・非常警報器具，非常警報設備　・誘導灯，誘導標識

・自動火災報知設備（重要文化財等・特定防火対象物に設置のもの）

・ガス漏れ火災警報設備（特定防火対象物，温泉採取施設に設置のもの）

・従前の規定に違反しているもの。

・**規定施行後**に床面積の合計が**1000 m²以上**，主要構造壁，又は床面積の合計が**2分の1以上**の増築・改築，大規模修繕をするもの。

・**特定防火対象物**であるもの。（用途変更は，変更後の用途が対象）

(3)の**避難器具**は，**特例の適用が受けられない設備です。**

解答(3)

9．検定制度

問題18　**消防用機械器具等の検定に関する記述のうち，誤っているものはどれか。**

(1)　型式承認とは，検定対象機械器具等の型式に係わる形状，構造，材質，成分及び性能が総務省令で定める技術上の基準に適合している旨の総務大臣が行う承認をいう。

(2)　型式適合検定とは，個々の検定対象機械器具等が型式承認と同一であるか否かについて行う検定をいい，日本消防検定協会又は登録検定機関が行う。

(3)　型式適合検定に合格したものには合格証が付されるが，合格証のないものは販売してはならず，販売目的での陳列もできない。

(4)　型式承認の印があるものについては，型式適合検定の届出をすることにより，当該器具を工事に限り使用することができる。

解き方と解説　(P.150，151参照)

消防用の一定の機械器具・設備，消火薬剤等は，火災予防，消火，又は人命救助等に重大な影響を及ぼすことから，国において検定を行います。

① **型式承認** …「**総務大臣**」が承認を行う。

② **型式適合検定**…「**日本消防検定協会**」又は「**登録検定機関**」が行う。

型式適合検定に合格したものには，**「合格証」**が付されます。

検定対象機械器具等で**合格表示が無いもの**は**販売**し，又は販売の目的で**陳列**してはなりません。また，設置・修理等の**工事**にも使用できません。

したがって，(4)が誤りとなります。　解答(4)

◆合格証の例

・消火器
・金属製避難はしご
・自火報の感知器，発信機
・中継器，受信機

・緩降機

・消火器用消火薬剤
・泡消火薬剤

・閉鎖型スプリンクラーヘッド

・流水検知装置
・一斉開放弁

10. 消防設備士

問題19 **消防設備士免状について，誤っているものはどれか。**

(1) 消防設備士免状は，住所地の都道府県知事が交付する。

(2) 消防設備士免状は，いずれの都道府県でも有効である。

(3) 免状を亡失又は滅失したときは，再交付の申請ができる。

(4) 免状に貼付した写真が10年を経過したとき，記載事項に変更が生じたときは，書換えの手続きをしなければならない。

解き方と解説 (P.152参照)

(1) 消防設備士免状は，**試験を実施**した**都道府県知事**が交付します。
(2) 消防設備士免状は交付地に関係なく，**いずれの都道府県でも有効**です。
(3) 免状を亡失・滅失・汚損・破損した時は，再交付の**申請ができます**。
亡失により再発行を受けた後に，亡失した免状が見つかったときは，それを**10日以内**に**再発行した知事に提出**しなければなりません。
(4) 免状の**記載事項に変更**が生じたときは，**書換えの手続きが必要**です。
[書換え申請] は，居住地・勤務地・交付地，いずれの都道府県知事でも構いません。

したがって，(1)が誤りとなります。

解答 (1)

問題20 **消防設備士の義務について，誤っているものはどれか。**

(1) 消防設備士は，その業務を誠実に行い，工事整備対象設備等の質の向上に努めなければならない。

(2) 消防設備士は，あらかじめ予測できない事故に備えて，常に免状を携帯しなければならない。

(3) 消防設備士は，都道府県知事が行う工事整備対象設備等に関する講習を受講しなければならない。

(4) 工事整備対象設備等に関する講習は，① 特殊消防用設備，② 消火設備，③ 警報設備，④ 避難設備・消火器の 4 区分で行われる。

解き方と解説 (P.152参照)

消防設備士の重要な義務違反は免状の返納命令の対象となります。

(1)：○　消防設備士の**誠実業務実施義務**について述べています。

(2)：×　**免状の携帯義務**であるが，**業務に従事する時**に**免状を携帯**しなければならない規定であり，常時携帯する必要は有りません。

(3)：○　**講習の受講義務**は，消防設備士免状の保有者全員が対象です。この講習は免状を管轄する**都道府県知事**が行います。

(4)：○　法定講習は，上記の4種類の区分で行います。

したがって，(2)が誤りとなります。

解答 (2)

法定講習の受講は，免状の交付日以後の最初の4月1日から2年以内，その後は，法定講習を受けた日以後の最初の4月1日から5年以内ごとに受講することが定められています。

法定講習は，免状の交付地に関係なく受講することができます。

問題21 **消防設備士でない者が行った次の行為のうち，適切でないものはどれか。**

(1)　屋内消火栓のホースを交換した。

(2)　消防用ポンプの圧力計を交換した。

(3)　消防用設備類等の表示灯の交換をした。

(4)　屋内消火栓の電源と水源の工事をした。

解き方と解説 (P.153参照)

消防設備士でなくても行える工事・整備には，次のものがあります。

① **電源・水源・配管**に関する工事… 1類の設備，特類の定められた設備

② **電源工事**… 2類・3類・4類の設備

③ **表示灯の交換**その他総務省令で定める**軽微な整備**は行えます。

- 消火栓のホース・ノズルの交換，ヒューズ類・ねじ類等の交換
- 消火栓箱・ホース格納箱の補修，その他これらに類するもの

(2)：×　圧力計は設備の一部で無資格者は整備できません。

解答 (2)

第3編－2

消防関係法令類別の部分・第５類

ここが攻略ポイントだ!!

1. 設置上の用語

避難器具の設置に係わる**重要な用語**について，ここで整理します。

避難階（ひなんかい）…**直接地上に通ずる出入口のある階**，をいいます。
傾斜地に建てられたホテル・旅館などでみられます。
地上に直接避難できるので，避難階には避難器具を設置しません。

無窓階（むそうかい）…**避難上**又は**消火活動上**，**有効な開口部が無い階**をいいます。開口部があっても**開口部の基準に満たない階**は無窓階です。

無窓階は，消防用設備等の設置が厳しくなります。開口部が規定以上ある階を**普通階**（ふつうかい）といいます。

【開口部の基準】

11階以上の階〔高さ31 m を超える階（11階）が基準の境となります〕

直径**50 cm 以上の円が内接**できる**開口部**の面積の合計が，当該階の**床面積の30分の 1** を超える階を普通階といいます。

この基準に満たない階を，無窓階といいます。

10階以下の階

直径1m 以上の円が内接できる開口部又は幅75cm 以上，高さ1.2m 以上の大型開口部を 2 以上含む直径50cm 以上の円が内接できる開口部の合計面積が当該階の床面積の1/30を超える階を**普通階**といいます。

＊（大型開口部の合計面積＋直径50cm 以上の円が内接できる開口部の合計面積）が当該階の床面積の1/30を超える階

直通階段…**避難階**又は **1 階**に**直接通じている階段**をいいます。

避難階段…火災時などに火炎や煙の侵入を防ぎ，安全に避難ができることを目的とした構造の階段をいいます。

① 階段は耐火構造で区画され，窓など採光上有効な開口部又は予備電源付の照明設備を設ける等の規定があります。

② 階段と他の部分が区画されていることから，階段の**たて穴区画**を**階段室**という呼び方をします。

③ 屋内避難階段，屋外避難階段，特別避難階段があります。

④ 建築基準法関係で規定する直通階段のことで，消防法関係ではさらに**屋**

内階段は**消防庁長官の定める部分を有する**ことの規定があります。

【消防庁長官の定める部分】とは，排煙に関する次のことです。

① 階段に排煙に有効な**2 m²以上**の外気に開放された開口部があること。

② 階段に垂れ壁がないこと。

但し，垂れ壁の天井の位置に**500 cm²以上**の外気に開放された**排煙上有効な開口部**がある場合はこの限りではない。

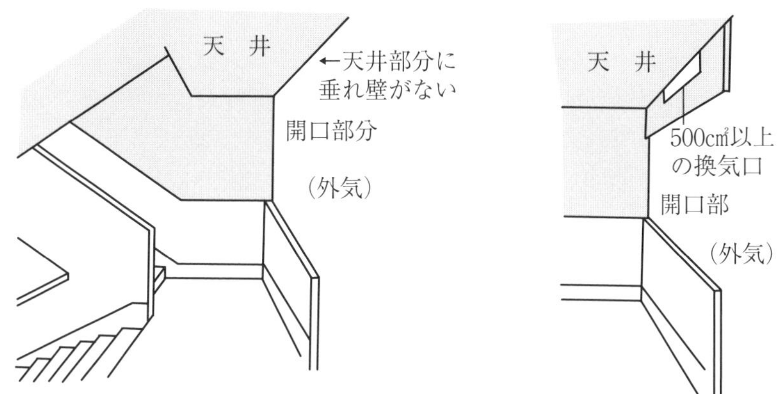

特別避難階段…避難階段をさらに安全性を高めた階段をいいます。

階段室の区画，内装・予備電源付照明設備・排煙設備等のほか，屋内と階段室との間に**バルコニー**や**附室の設置**などについての規制が強化された階段となっています。

収容人員…**その階**で働く**従業者の数，その他の人たち等**を**合算した人数**をいいます。消防法施行規則，第１条の３において算定方法を定めています。「収容人員の算定方法」の表を用意したので活用して下さい。（P.176）

2．避難器具等の設置

（消令25条，消則1条の3）

避難器具は，階段による避難ができなくなった場合の脱出器具としての役割を持っています。 設置に関する基準の要点は次のとおりです。

① **避難器具の設置**は，防火対象物の規模と関係なく「**階**」ごとに決まります。**階の用途・収容人員**により，**避難器具の種類・設置個数**が決まる。

② 避難器具は，直接地上に避難できる**1階**及び**避難階**には**設置しません**。**11階以上の階**には，法令上の**設置義務がない**。

③ 避難器具は，**2方向避難路**を確保できる位置に設置します。
階段とは反対方向の離れた位置に設置する。収容人員の多い室，又は人目につき易い安全な場所に設ける。

（1）設置する防火対象物と設置個数

（消令25条，消則26条）

避難器具は，下表の要領で**防火対象物**の「**階**」ごとに設置します。

防火対象物の区分	設置の基準		避難器具の設置個数	主要構造部が耐火構造で避難階又は地上に直通の2以上の避難階段又は特別避難階段がある場合
	収容人員	設置階		
(5)	**30人**以上 ※(10人以上)	・2階以上の階 ・地階	収容人員 **100人** 以下ごとに 1個以上設置	(緩和規定) 収容人員 **200人** 以下ごとに 1個以上設置
(6)	**20人**以上 ※(10人以上)			
※下階が(1)～(4)(9)(12)イ(13)イ(14)(15)の場合				
(1)～(4) (7)～(11)	**50人**以上	・2階以上の階 ・地階 ☆主要構造部が耐火構造の建物の2階を除く	収容人員 **200人** 以下ごとに 1個以上設置	収容人員 **400人** 以下ごとに 1個以上設置
(12)(15)	地階・無窓階 **100人**以上 その他の階 **150人**以上	・3階以上の階 ・地階	収容人員 **300人** 以下ごとに 1個以上設置	収容人員 **600人** 以下ごとに 1個以上設置
3階以上の階でその階から地上または避難階に2以上の直通の階段がない場合	**10人**以上	・3階以上の階 2階に(2)(3)の用途がある場合は2階以上の階	収容人員 **100人** 以下ごとに 1個以上設置	——

※主要構造部が耐火構造で，かつ，避難階段又は特別避難階段が2以上ある場合は，緩和規定が適用されます。

【例】 防火対象物（**5**）**項**（ホテル・旅館・宿泊所等）に設置する場合

① **2階以上の階**，及び**地階**が設置対象となります。

② 当該階の**収容人員が30名以上**となる場合に**設置義務**が生じます。
但し，その階の下階に（1）～（4）（9）$(12)_{イ}$ $(13)_{イ}$（14）（15）の防火対象物がある場合は，**収容人員10名以上**から設置義務が生じます。

③ 避難器具の**設置個数**

・収容人員100人以下の場合…設置個数は1個

・収容人員101人以上200人以下の場合…設置個数は2個

※緩和規定が適用できる場合は，設置個数が1個となります。

（2） 適応する避難器具

（消令25条）

避難器具を**設置する防火対象物**，及び**設置階に適応する避難器具**は，下記のとおりとなります。

防火対象物区分	適応避難器具				
	地階	2階	3階	4・5階	6階～10階
(6)	避難はしご 避難用タラップ	すべり台 避難はしご 救助袋 緩降機 避難橋 避難用タラップ	すべり台 …… 救助袋 緩降機 避難橋 ……	すべり台 …… 救助袋 緩降機 避難橋 ……	すべり台 …… 救助袋 …… 避難橋 ……
(5) (1)～(4) (7)～(11)	避難はしご 避難用タラップ	すべり台 避難はしご 救助袋 緩降機 避難橋 避難用タラップ すべり棒 避難ロープ	すべり台 避難はしご 救助袋 緩降機 避難橋 避難用タラップ …… ……	すべり台 避難はしご 救助袋 緩降機 避難橋 …… …… ……	すべり台 避難はしご 救助袋 緩降機 避難橋 …… …… ……
(12) (15)	避難はしご 避難用タラップ		すべり台 避難はしご 救助袋 緩降機 避難橋 避難用タラップ	すべり台 避難はしご 救助袋 緩降機 避難橋 ……	すべり台 避難はしご 救助袋 緩降機 避難橋 ……
3階以上の階で地上又は避難階に直通の2以上の階段がない階		すべり台 避難はしご 救助袋 緩降機 避難橋 避難用タラップ すべり棒 避難ロープ	すべり台 避難はしご 救助袋 緩降機 避難橋 避難用タラップ …… ……	すべり台 避難はしご 救助袋 緩降機 避難橋 …… …… ……	すべり台 避難はしご 救助袋 緩降機 避難橋 …… …… ……

※4階以上に設ける避難はしごは，金属製固定はしご又は避難器具用ハッチに収納した金属製つり下げはしごとし，安全かつ容易に避難できる構造のバルコニー等に設ける。

※避難階・11階以上の階には，設置義務が課されていません。

※適応する避難器具は，設置する階により変化します。適応しなくなった避難器具が判別しやすいように……で表しています。

（３）収容人員の算定方法

（消則１条の３）

避難器具の設置を判断する**収容人員の算定**は，下表の要領で行います。

（令別表第一） 防火対象物		収容人員の算定方法（各項目の数値を合算する）
（１）		①従業者の数 ②固定式の椅子の場合は椅子の数（長椅子は正面幅を0.4 m で除した数，１未満切捨て） ③立見席は床面積を0.2 m^2で除した数　④その他の部分は0.5 m^2で除した数
（２） （３）	遊技場	①従業者の数　②遊戯機械器具を使用して遊戯を行うことができる者の数 ③観覧・飲食・休憩の用に供する部分に椅子がある場合は，椅子の数（長椅子がある場合は正面幅を0.5 m で除した数，１未満切捨て）
	その他	①従業者の数 ②固定式の椅子の場合は椅子の数（長椅子は正面幅を0.5 m で除した数，１未満切捨て） ③その他の部分は，床面積を3 m^2で除した数
（４）		①従業者の数 ②主として従業者以外の使用部分で，飲食・休憩をする部分の床面積を3 m^2で除した数 ③その他の部分は，床面積を4 m^2で除した数
（５）	イ	①従業者の数　②洋式の宿泊室はベッドの数 ③和式の宿泊室は床面積を6 m^2で除した数 ④簡易宿泊所及び主として団体を宿泊させる宿所は，宿泊室の床面積を3 m^2で除した数 ⑤集会・飲食・休憩の部分が固定式椅子の場合は椅子の数（長椅子は正面幅を0.5 m で除す） ⑥その他の部分は，床面積を3 m^2で除した数
	ロ	①居住者の数
（６）	イ	①医師・歯科医師・助産師・薬剤師・看護師その他の従業者の数 ②病室内の病床の数　③待合室の床面積の合計を3 m^2で除した数
	ロハ	①従業者の数＋老人・乳児・幼児・身体障害者・知的障害者その他の要保護者の数
	ニ	①教職員の数＋幼児・児童・生徒の数
（７）		①教職員の数＋児童・生徒・学生の数
（８）		①従業者の数　②閲覧室・展示室・展覧室・会議室・休憩室の床面積を3 m^2で除した数
（９）		①従業者の数　②浴場・脱衣場・マッサージ室・休憩場の床面積を3 m^2で除した数
(11)		①神職・僧侶・牧師・従業者の数　②礼拝・集会・休憩の部分の床面積を3 m^2で除した数
(10)（12～14）		①従業者の数
(15)		①従業者の数　②主として従業者以外の者の使用する部分の床面積を3 m^2で除した数
(16)（16の２）		用途別に防火対象物の部分をそれぞれ１の防火対象物として合算して算定する
(17)		①床面積を5 m^2で除した数

※上記のほか「新築工事中の建築物」「建造中の旅客船」についての規定があります。

◆収容人員・設置個数の計算例

実践問題を解いてみよう！

【例題】下図は，耐火構造の 5 階部分の平面図である。与えられた条件から，この階に避難器具を設置する際の収容人員の数及び設置個数を答えよ。なお，この階で働く従業員の数は35名である。

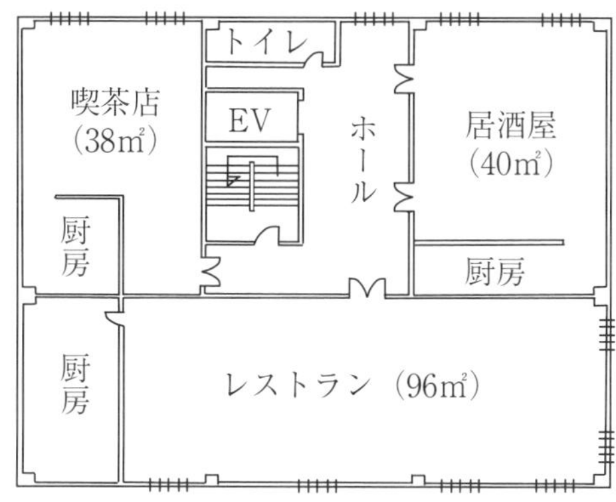

解き方と解説

防火対象物と設置個数，適応する避難器具，収容人員の算定方法の表で確認して下さい。

この防火対象物は，3 階以上の階で地上又は避難階に 2 以上の直通階段がない場合に該当するので，収容人員10 名以上から設置義務が生じます。

※直通階段が 2 以上ある場合は，収容人員50 名以上からが適用されます。

この階はすべて（3）項に該当するので，収容人員は次により求めます。

従業員数35名＋客席数の明示がないので**総面積÷3 m²**により求めます。

$$35名+\frac{38\ \mathrm{m}^2+40\ \mathrm{m}^2+96\ \mathrm{m}^2}{3\ \mathrm{m}^2}=93名$$

避難器具の設置個数は，収容人員 100 名以下ごとに 1 個となるので，

$$\frac{93\ (名)}{100\ (名以下ごと)}=0.93\quad \therefore 1\ 個$$

したがって，**収容人員は93名**，避難器具の**設置個数は 1 個**となります。

なお，適応する避難器具として，避難はしご，救助袋，緩降機，避難橋，すべり台があります。（適応する避難器具の表を参照）

3．設置個数の減免の例

（消則26条）

次の場合には，避難器具の設置の**一部免除**又は**免除**があります。

［1］主要構造部が耐火構造の建物の間に，下記の基準を満たす**渡り廊下**が設けられた場合は，次式による設置個数とすることができます。

設置すべき個数 －（渡り廊下の数×２）＝ 設置個数

【渡り廊下の基準】

① **耐火構造**又は**鉄骨造り**であること。

② 渡り廊下の両端の出入口に**自動閉鎖装置付**の特定防火設備である**防火戸**が設けられていること。（防火シャッターを除く）

③ **避難・通行・運搬**以外の用途に供していないこと。

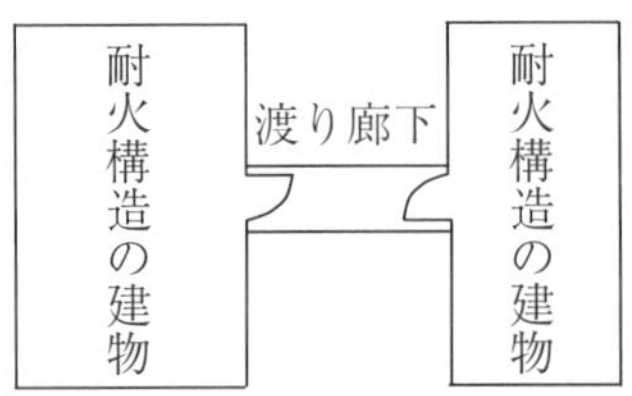

・渡り廊下で連結している階が対象
・算出した数値が1に満たないときは設置しなくてよい。

［2］基準を満たした屋上広場に避難橋を設けた場合，**屋上の直下階**の設置は，次式により算出した設置個数とすることができる。

設置すべき個数－（避難橋の数×２）＝ 設置個数

【屋上広場の基準】

① 建物の主要構造部が耐火構造であること。

② 避難橋を設置した屋上広場の有効面積が100 m^2以上あること。

③ 屋上の直下階から屋上広場に通じる避難階段又は特別避難階段が２以上設けられていること。

④ 屋上広場に面する窓・出入口には，特定防火設備である**防火戸**又は**鉄製網入りガラス戸**が設けられていること。

⑤ 屋上出入口から避難橋に至る経路は，避難上支障がないこと。

⑥ 避難橋に至る経路に設けられた扉等は容易に開閉できること。

⊙　屋上広場の面積が1500 m^2以上で屋上広場の基準を満たした上で避難橋，一定の直通階段，特別避難階段，その他避難の設備・器具を設置した場合は，屋上の直下階の設置が免除されます。

4．設置が免除される例

（消則26条）

次の場合には，避難器具の設置が免除となります。

［1］次の防火対象物の階が，下記の要件を満たす場合

政令別表 第一	満たすべき条件
（1）～（8）	（イ）（ロ）（ハ）（ニ）（ホ）（ヘ）
（9）～（11）	（イ）‥　‥（ニ）（ホ）（ヘ）
（12）・（15）	（イ）‥　‥（ホ）（ヘ）

（イ）主要構造部が耐火構造であること。

（ロ）耐火構造の壁又は床で区画されており，開口部に特定防火設備である防火戸又は鉄製網入りガラス戸が設置されていること。

（ハ）上記（ロ）の区画された部分の収容人員が，令第25条に定められた収容人員の数値未満であること。

（ニ）壁・天井の室内に面する部分を準不燃材料で仕上げ，又は，スプリンクラー設備が当該階の主たる用途に供するすべての部分に，技術上の基準に基づき適正に設置されていること。

（ホ）直通階段を避難階段又は特別避難階段としたものであること。

（ヘ）バルコニー等が避難上有効に設けられ，又は２以上の直通階段が相互に隔たった位置に設けられ，かつ，当該階のあらゆる部分から２以上の異なった経路により，２以上の直通階段に到達できるように設置されていること。

［2］主要構造部が耐火構造で，**居室**の外気に面する部分にバルコニー等が避難上有効に設けられており，かつ，バルコニー等から地上に通ずる階段その他避難の設備・器具が設けられている場合

又は，他の建築物に通ずる避難設備や器具が設けられている場合

［3］**固定はしご**をバルコニー等に下記要件で設置した場合，固定はしごを使用できる階は，避難器具を設置したものとみなされます。

【固定はしごの設置要件】

・金属製であること。
・固定はしごの横桟は，防火対象物から10㎝以上の距離があること。
・固定はしごの降下口は，直下階の降下口と同一垂直線上にないこと。
・防火対象物の柱・床・梁など構造上堅固な部分に取付けること。
・バルコニー等は，容易に避難することができる構造であること。

解いてみよう!! よく出る問題

1．設置上の用語

問題 1　避難器具等の設置に係わる用語についての記述のうち，正しいものはいくつあるか。

A　避難階とは，避難器具が設置されている階をいう。

B　直通階段とは，１階に直接通じている階段をいう。

C　渡り廊下とは，建物と建物とを連結している廊下をいう。

D　無窓階とは，避難上または消火活動上に有効な開口部の無い階をいう。

(1)　１つ　　(2)　２つ　　(3)　３つ　　(4)　４つ

解き方と解説 (P.172参照)

消防用の設備等の設置に係わる基本的な用語です。再確認して下さい。

A：避難階とは，**直接地上に通ずる出入口のある階**をいいます。

B：直通階段とは，**避難階**又は**１階に直接通じている階段**をいいます。
スタジアムなどにある傾斜路も直通階段に含まれます。

C：記述のとおりです。平常時は通行・運搬等に使用されています。

D：記述のとおりです。災害時に**避難や消防活動に使用される部分**であるので，窓に限らず扉なども含みます。開かない窓は対象外です。

よって，C，D の２つが正しい記述となります。　解答 (2)

【開口部の基準】

地上からの高さが31 m を超える建物を高層ビルといいますが，一般的には11階以上の高さにあたることから，**11階以上**と**10階以下**における開口部の基準が定められています。

▶**11階以上の階**の基準

・直径**50 cm 以上の円が内接**できる**開口部**の面積の合計が，その階の**床面積の30分の１**を超えることとされています。

▶**10階以下の階**の基準

P.172の「10階以下の階」参照

問題２ **避難階段についての記述のうち，適切でないものはどれか。**

(1) 避難階段には，屋内避難階段，屋外避難階段，特別避難階段がある。

(2) 特別避難階段とは，避難用として設けられる特別な構造をしたものをいう。

(3) 避難階段は，その他の部分とは耐火構造で完全に区画されていなければならない。

(4) 避難階段は，建築基準法施行令に規定する直通階段で，屋内階段に垂れ壁がある場合は，避難階段として認められない。

解き方と解説 (P.172，173参照)

避難階段は，火災などの際に火炎や煙の侵入を防ぎ，安全に避難ができる構造をした階段をいいます。したがって，階段は耐火構造で区画され，窓など採光上有効な開口部又は予備電源付の照明設備を設ける等の規定があります。

避難階段のうち**屋内に設けるものは，消防庁長官の定める部分**を有することが規定されています。

【消防庁長官の定める部分】とは，排煙に関する次のことです。

・階段に排煙に有効な**2 m²以上**の外気に開放された開口部があること。

・階段に垂れ壁がないこと。但し，垂れ壁の天井の位置に**500 cm²以上**の外気に開放された**排煙上有効な開口部**がある場合は，垂れ壁を設けることができます。

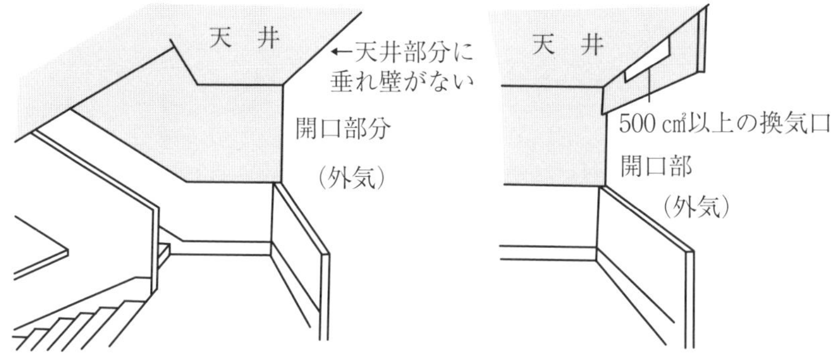

(4)：× 垂れ壁の天井部分に**外気に開放された500 cm²以上の開口部**があれば，垂れ壁は認められます。 解答(4)

2. 避難器具の設置

問題3　避難器具の設置についての記述のうち，誤っているものは次のどれか。

(1)　避難器具の設置は防火対象物の規模と関係なく，その階の収容人員により決定される。

(2)　避難器具は，避難階及び11階以上の階に設置しなくても法令違反とはならない。

(3)　特定一階段等防火対象物又はその部分に設ける避難器具は，常時，容易かつ確実に使用できる状態で設置する。

(4)　避難器具設置等場所には，見やすい箇所に避難器具である旨，及びその使用方法を表示する標識を設ける。

解き方と解説

(P.174参照)

消防法施行令第25条，消防法施行規則第27条に定められている内容です。避難器具設置の基本的なことが定められています。

(1)　避難器具の設置は他の消防用設備等と異なり，防火対象物の規模と関係ありません。その**階の用途**及び**収容人員**により決定されます。
記述から**用途**が脱落しているため，誤りとなります。

(2)　避難階は直接地上へ避難できるため避難器具の設置は必要がなく，**11階以上**については**設置義務がありません**。

(3)　特定一階段等防火対象物は危険性が大きいことから，特に定められた規定です。(消則第27条)

(4)　火災などの災害時における**迅速かつ安全な避難**のための規定です。
消則第27条（避難器具に関する基準の細則）に定められています。

よって，(1)が誤りとなります。

解答(1)

問題 4　**避難器具の設置義務がある防火対象物は次のうちどれか。**
但し，いずれも直通階段が 1 箇所で耐火構造 5 階建の建物である。

(1)　2 階の飲食店で，収容人員が10人

(2)　2 階の事務所で，収容人員が30人

(3)　2 階の映画館で，収容人員が40人

(4)　2 階の作業場で，収容人員が50人

解き方と解説 (P.174参照)

「**防火対象物と設置個数の表**」を確認しながら解答します。

(1)　**階段が 1 箇所**の場合は，「3 階以上の階で地上又は避難階に 2 以上の直通階段がない場合」に該当し，収容人員10名以上から 3 階以上の階又は地階に設置義務が課されるが，**(2）項（遊技場，カラオケ等)，及び（3）項（飲食店等）の場合は 2 階から設置義務が生じます。**

(2)　事務所（15）項は，3 階以上の階から設置対象となります。

(3)　映画館（1）項は，3 階以上の階から設置対象となります。

(4)　作業場（12）項は，3 階以上の階から設置対象となります。

したがって，(1)に設置義務があります。　解答 (1)

問題 5　**主要構造部を耐火構造としたビジネスホテルの 5 階に，但し書きの条件に従い避難器具を設置した。正しいものは次のどれか。**
但し，・5 階の従業員の数は30名，宿泊可能人数は80名である。
・避難器具の設置減免の対象施設はない。

(1)　緩降機を 1 個設置した。

(2)　救助袋を 1 個設置した。

(3)　避難用タラップを 2 個設置した。

(4)　緩降機と救助袋を各 1 個設置した。

解き方と解説 (P.174，175参照)

避難器具の設置個数は100人以下ごとに 1 個の規定であるので，収容人員が110名であるから適応する器具が 2 個必要となります。(同じものでもよい)

よって，(4) が正解となります。　解答 (4)

問題6　**消防法施行令第25条に定める避難器具の適応性について，防火対象物と避難器具の組合せのうち，正しいものはどれか。**

(1)　病院の3階　…　避難はしご

(2)　ホテルの4階　…　避難ロープ

(3)　5階のレストラン　…　避難用タラップ

(4)　事務所ビルの6階　…　緩降機

解き方と解説　(P.175参照)

(1)に適応するもの…すべり台，救助袋，緩降機，避難橋

(2)，(3)に適応するもの…すべり台，避難はしご，救助袋，緩降機，避難橋

(4)に適応するもの…すべり台，避難はしご，救助袋，**緩降機**，避難橋

よって，(4)が正解となります。　解答(4)

問題7　**避難器具の設置に係る収容人員の算定方法についての記述のうち，適切でないものはどれか。**

(1)　学校は，教職員の数に児童，生徒，学生の数，体育館の床面積の合計を5 m²で除した数を合算して算定する。

(2)　事務所は，従業者の数，主として従業者以外の者の使用する部分の床面積を3 m²で除した数を合算して算定する。

(3)　病院は，医師，歯科医師，助産師，薬剤師，看護師その他の従業者数，病室内の病床の数，待合室の床面積を3 m²で除した数を合算して算定する。

(4)　飲食店は，従業者の数，固定式の椅子の場合は椅子の数（長椅子は正面幅を0.5 m で除した数，1未満切捨て）その他の部分は，床面積を3 m²で除した数を合算して算定する。

解き方と解説　(P.176参照)

収容人員の基本は従業者等の数と利用する人の数です。他のスペースがある場合は1人当り相当の数値で除して，最大人数を算定しています。

(1)：学校の収容人員の算定方法は，**教職員の数に児童，生徒，学生の数**で算定します。体育館等は内部者の利用施設なので算定対象にしません。

(2)(3)(4)：規定どおりの記述をしています。　解答(1)

問題 8　**2つの防火対象物が渡り廊下で連結されている場合，連結された階の避難器具の設置が緩和されるが，この場合の渡り廊下の要件として適切でないものはどれか。**

(1)　渡り廊下は，耐火構造又は鉄骨造であること。

(2)　渡り廊下の窓ガラスは，鉄製網入りガラスであること。

(3)　渡り廊下は避難，通行，運搬以外の用途に供されていないこと。

(4)　渡り廊下の両端の出入口に自動閉鎖装置の付いた特定防火設備である防火戸（防火シャッターを除く）が設けられていること。

解き方と解説　(P.178参照)

渡り廊下の要件として(1)(3)(4)の規定はありますが，(2)の窓ガラスについては規定されていません。

解答 (2)

問題 9　**消防法施行規則第26条に定められた避難器具の設置が免除される場合の要件として誤っているものはどれか。**

(1)　主要構造部を耐火構造又は防火構造としたものであること。

(2)　直通階段を避難階段又は特別避難階段としたものであること。

(3)　耐火構造の壁又は床で区画されており，開口部に特定防火設備である防火戸又は鉄製網入りガラス戸が設置されていること。

(4)　壁・天井の室内に面する部分の仕上げを準不燃材料とし，又は，スプリンクラー設備が当該階の主たる用途に供するすべての部分に，技術上の基準に基づき適正に設置されていること。

解き方と解説　(P.179参照)

本問は，避難器具の設置が免除される場合の要件の確認です。

(1)　主要構造部を耐火構造としたものと規定されています。防火構造の規定は有りません。誤りの記述となります。

(2)(3)(4)　規定どおりの正しい記述です。

解答 (1)

第4編

実技試験
（鑑別等・製図）

実技試験には，**鑑別等試験**と**製図試験**がありますが，いずれも**筆記形式**で行われます。
乙種消防設備士試験は鑑別等試験のみ，**甲種消防設備士試験**は鑑別等試験と製図試験があります。
特殊な専門的知識を必要とする出題はありません。
消防設備士として必要な避難器具の構造・規格・設置基準など**基本的な知識**を**確認する問題**が出題されます。

第1章　鑑別等試験

鑑別等試験は5問出題され，多くは写真・イラスト・図面などで機器類等が示され，名称・機能・用途その他を記述式で答える問題となっています。

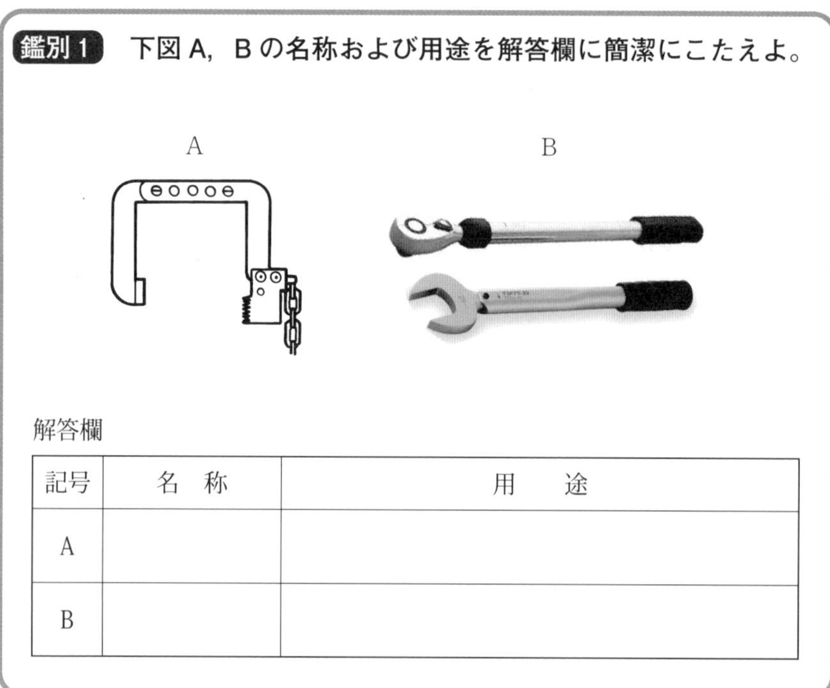

鑑別1　**下図A，Bの名称および用途を解答欄に簡潔にこたえよ。**

解答欄

記号	名　称	用　　途
A		
B		

解答と解説

A　名称：自在金具（自在フック）
　用途：つり下げ金具の一種で，**避難器具の吊り下げ具**として用いる。

B　名称：トルクレンチ
　用途：ボルトやナットを，**設定締付けトルクで締め付ける**際に用いる。
　※点検時に，ボルトやナットの緩みの有無を確認する際にも用います。

鑑別2　**下図は避難器具の設置工事の際に用いるものである。名称及び用途を解答欄にこたえよ。**

解答欄

名　称	
用　途	

解答と解説

名称：スポイト（エアブロワー　ともいう）

用途：ドリルで穿孔した**穴の内部の清掃**に用いる。

鑑別3　**下図A及びBは，避難器具の点検又は設置工事の際に用いるものである。名称および用途を解答欄にこたえよ。**

A

B

解答欄

記号	名　称	用　　途
A		
B		

解答と解説

A　名称：双眼鏡

　用途：避難器具の展張状態や降下空間の状態を確認する際に用いる。

B　名称：打ち込み棒

　用途：金属拡張アンカーをコンクリート穴に打ち込む際に用いる。

❑点検・整備に用いる用具類

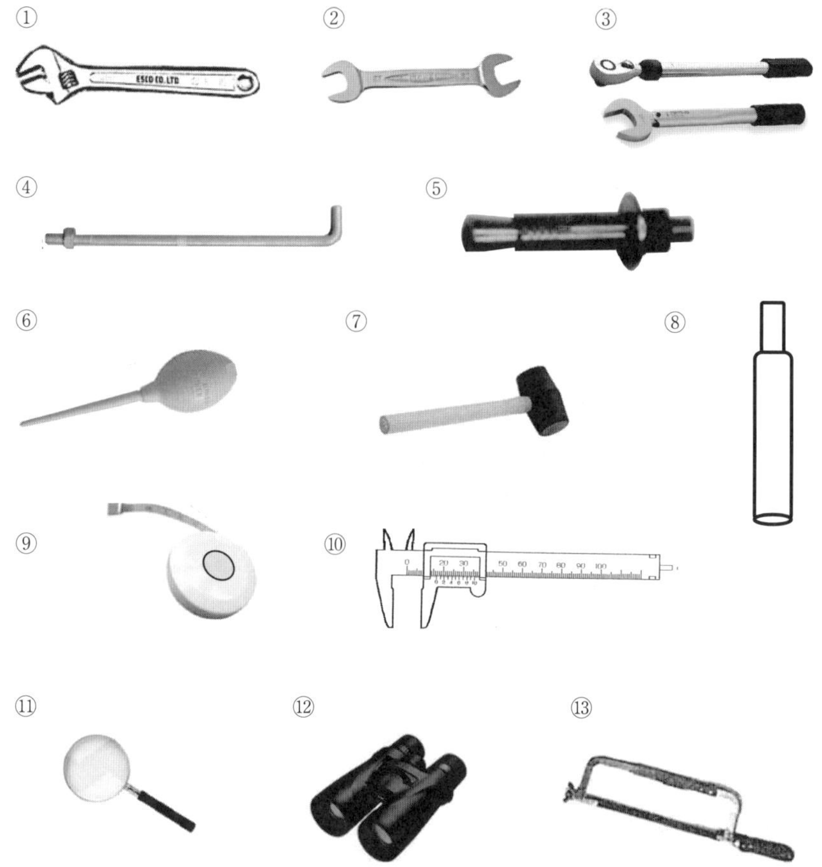

①	モンキーレンチ	ボルトナットなどの締付，脱着に用いる。
②	スパナ	
③	トルクレンチ	ボルトナットを設定トルクで締め付ける。締付トルクの確認
④	Ｌ型ボルト	鉄筋や鉄骨等に引っ掛けて固定具等の固定をする。
⑤	金属拡張アンカー	コンクリートに取付金具等を固定する際に用いる。
⑥	スポイト	コンクリートの穿孔穴の清掃に用いる。エアブロワーともいう。
⑦	ハンマー	金属拡張アンカーボルトの打ち込みの際に用いる。
⑧	打ち込み棒	金属拡張アンカーをコンクリート穴に打ち込む際に用いる。
⑨	メジャー(巻尺)	各部の寸法や距離の測定に用いる。
⑩	ノギス	ボルトの外径・長さ，穴の内径・深さ等，精密な計測に用いる。
⑪	ルーペ	避難器具のロープや縫込み部分のほつれ等の確認に用いる。
⑫	双眼鏡	避難器具の展張状態や降下空間の状況の確認に用いる。
⑬	ハクソー	金属部材の切断に用いる。（金切鋸ともいう）

鑑別 4　**下図は避難器具の取付具の一種である。各問に答えよ。**

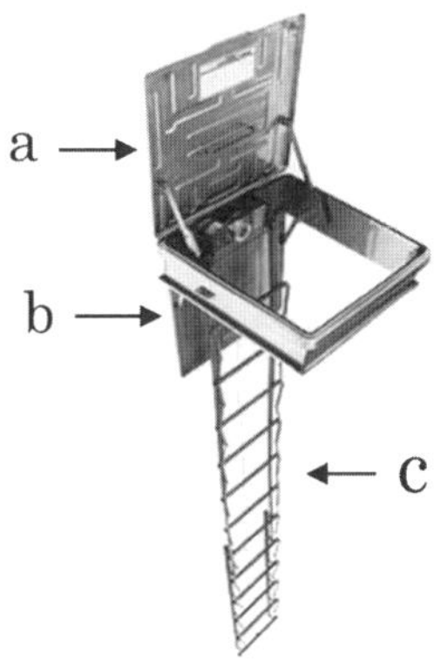

問１　この取付け具の名称及び有効開口部の大きさを答えよ。

名　称	
開口部	

問２　図ａ～ｃの名称と定められた基準を１つずつ答えよ。

記号	名　称	基準内容
a		
b		
c		

解答と解説 （P.76，77参照）

問１　名　称：避難器具用ハッチ

開口部：直径0.5m以上の円が内接する大きさとする。

問２　a　名称：上ぶた　**基準**：上ぶたには**手かけ**を設ける。

b　名称：下ぶた　**基準**：**直径６ mm 以上**の**排水口**を**４個以上**設ける。

c　名称：**金属製つり下げはしご**又は**ハッチ用つり下げはしご**

基準：**３動作以内**で容易・確実に避難器具を展張できること。

※上記のほか，技術基準の定めがありますので，該当箇所を確認ください。

鑑別5 下図は避難器具の一部である。次の問に答えよ。
ただし，解答欄に記入すること。

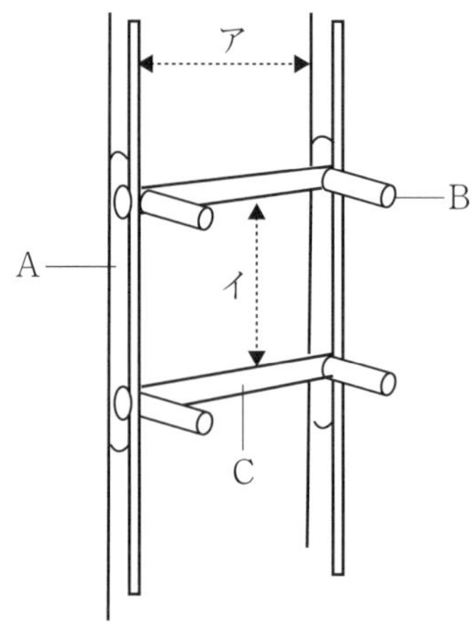

問1　図中のA，B，C，それぞれの名称をこたえよ。
問2　Bの機能を簡潔にこたえよ。
問3　図中のア，イ，それぞれの規格上の間隔をこたえよ。

解答欄

問1

A	
B	
C	

問2

問3

ア	
イ	

解答と解説

(P.70参照)

「**つり下げ式避難はしご**」の構造・機能など規格上の問題です。緩降機，救助袋等の問題にも対応できるよう，構造・規格などを再確認しましょう。

問1　A：縦棒（たてぼう）　B：突子（とっし）　C：横桟（よこさん）

問2　防火対象物の壁面等から横桟を10cm以上離す機能を持っている。
使用者の踏み足が十分に横桟に掛けることができるためのものです。

問3　ア：内法寸法で**30 cm 以上50 cm 以下**
イ：**25 cm 以上35 cm 以下**

縦棒の間隔は**内法寸法**で**30 cm 以上50 cm 以下**と定められています。

横桟の間隔は**25 cm 以上35 cm 以下**とし，縦棒に**同一間隔**で取り付けることが定められています。また，**横桟**は**直径14 mm 以上35 mm 以下**の円形の**断面**又はこれと同等の握り太さの形状のものとされています。

鑑別6　**下図は，避難器具等の設置工事の際に行う方法の例である。つぎの問にこたえよ。**

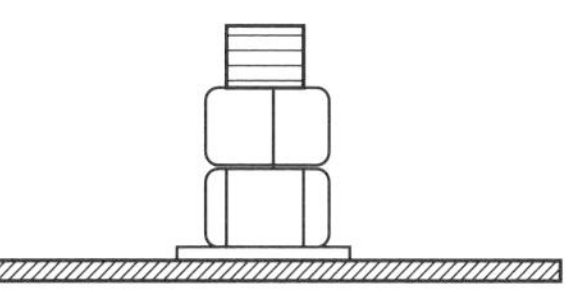

問1　この方法の「呼称」と「目的」をこたえよ。

呼称	
目的	

問2　図と同じ目的で用いる「方法」又は「部材」を2つこたえよ。

①：	②：

解答と解説

(P.125参照)

避難器具の固定具等のボルト・ナットの**緩みを防止**する方法です。

問1　名称：ダブルナット法　　目的：ボルトやナットの緩み防止

問2　①：固定具とナットの間に**スプリングワッシャ**等の座金を用いる。

座金類

スプリングワッシャ

止め輪

歯付き座金

割りピン

②：ナット自体に工夫を加えた**ロックナット**等を用いる。

鑑別７　下図は避難器具を表したものである。つぎの問にこたえよ。

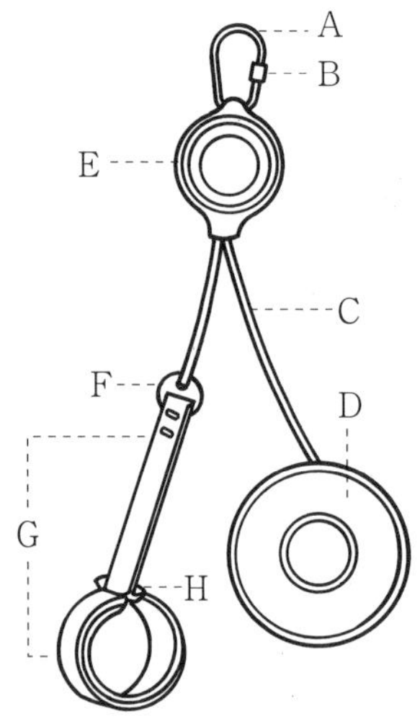

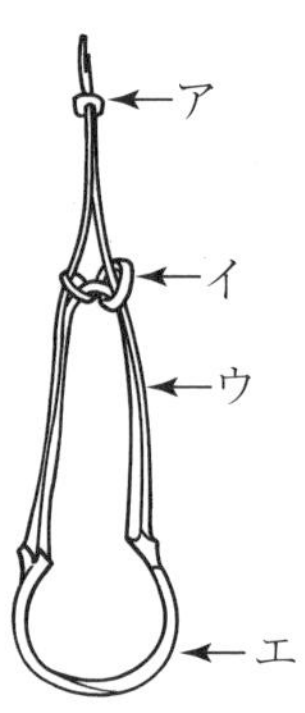

問１　この避難器具の名称をこたえよ。

問２　図のＡ～Ｈ，ア～エの部分の名称をこたえよ。

A		E	
B		F	
C		G	
D		H	

ア	
イ	
ウ	
エ	

解答と解説

（P.86参照）

緩降機にかかわらず，避難器具を構成する機器類の名称・機能・用途は出題率の高い部分です。確実に把握する必要があります。

問１：緩降機

問２：A：安全環　B：止め金具　C：ロープ　D：リール
E：調速器　F：緊結金具　G：着用具　H：ベルトガイド
ア：緊結金具　イ：ベルトガイド　ウ：ベルト　エ：調体環

※図Ｈのベルトガイドは，リング状のものがあることからリングと呼んでいる機種もあります。

鑑別８　**緩降機を使用する際，使用する側と反対側のリールを下の降着点に向かって落とすこととされている。その理由を２つ答えよ。**

解答欄

解答と解説 （P.93参照）

緩降機は取り付ける位置（高さ）により，ロープの長さが違ってきます。安全に避難するためには降着点まで届く長さが必要となります。

理由１　ロープが**降着点に達することができる長さ**であるか**確認する**ため。

理由２　リールをベランダなどに置いたまま降下すると，ロープが伸長する際にリールが移動して**固定物等で固定されてしまうと**，それ以降は**降下ができなくなる**おそれがあるため。

鑑別９　**緩降機に係る下図のＡ～Ｃに該当する数値を答えよ。**

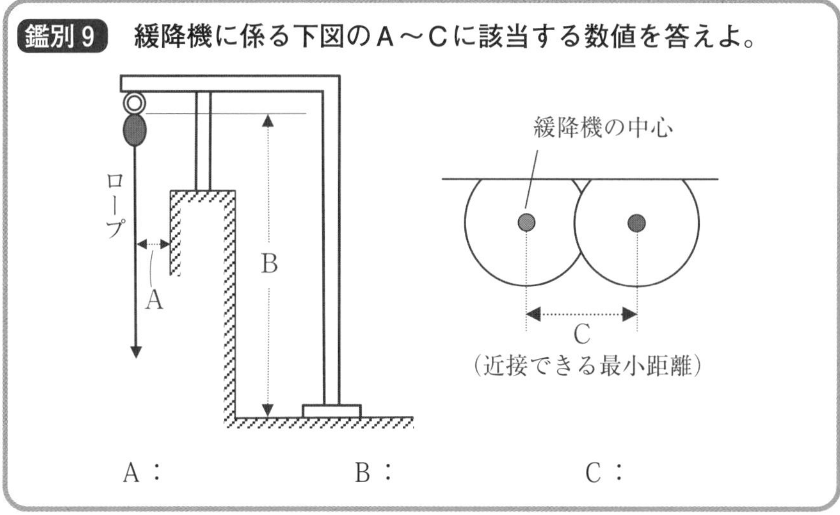

Ａ：　　　　Ｂ：　　　　Ｃ：

解答と解説 （P.91参照）

Ａ：壁面からロープの中心まで，**0.15m 以上0.3m 以下**

Ｂ：緩降機の取付位置は，床面から**1.5m 以上1.8m 以下**の高さ。

Ｃ：器具相互の中心を**0.5m** まで近接させることができる。

鑑別10　**つぎの記述は，斜降式救助袋を展張する際の動作を記したものである。適切な順序を解答欄に番号でこたえよ。**

① 救助袋を降ろす。
② 入口枠（入口金具）を引き起こす。
③ 誘導綱（砂袋）を地上操作者へ投下する。
④ 格納箱を取りはずす。
⑤ 足場用ステップを設定する。

解答欄

適切な順序

解答と解説　(P.109参照)

救助袋の設置場所での手順は，斜降式も垂直式も同じ手順となります。
適切な順序は，④→③→①→②→⑤となります。

鑑別11　**下図は斜降式救助袋の降着点付近に保有すべき空間を表している。つぎの問にこたえよ。**

問1　保有すべき空間名をこたえよ。

問2　a，bの距離をこたえよ。

a：
b：

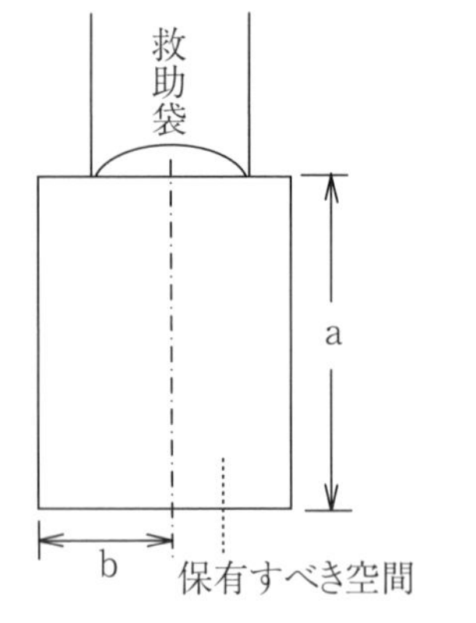

解答と解説　(P.108参照)

斜降式救助袋の**避難空地**は特異な形状をしているので，要注意です！

問1　避難空地

問2　a：2.5 m　　b：1 m以上

鑑別12　下図は避難器具を表したものである。つぎの問にこたえよ。

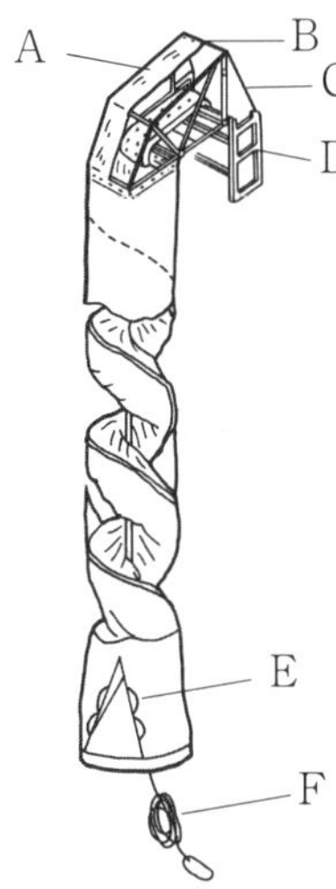

問1　この避難器具の名称をこたえよ。

問2　図のA～Fの名称をこたえよ。

A		D	
B		E	
C		F	

問3　図のEの個数とその基準についてこたえよ。

解答と解説 （P.101参照）

問1：垂直式救助袋

問2：A：覆い布　　B：入口枠　　C：ワイヤロープ　　D：取付具
E：取手　　F：誘導綱

問3：垂直式救助袋の**取手**は出口付近に**4個以上**を**左右均等に設ける**という規定があります。

鑑別13　下図のものは，避難器具に用いられるものの例である。
つぎの問にこたえよ。

A

B

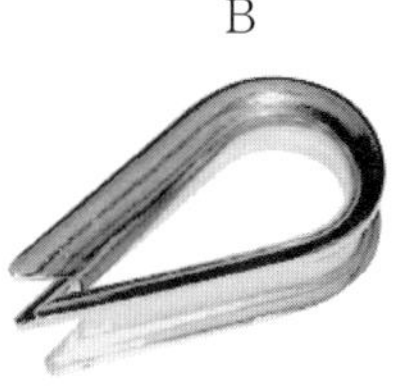

問１　Ａ及びＢの一般的な名称をこたえよ。

A	
B	

問２　Ａ及びＢの用途を簡潔にこたえよ。

問３　Ａ又はＢが避難器具に使用される箇所を２つこたえよ。

①	
②	

解答と解説

（P.104参照）

目立たない部材ではあるが，機器類の連結，ワイヤロープなどの保護をするとともに確実に連結・固定するなどの役割をしています。

問１　A：シャックル　　　B：シンブル

問２　機器や部材等の連結又は固定に用いる。

問３　①つり下げはしごとつり下げ金具の連結に用いられている。
②緩降機の緊結金具に用いられている。
○救助袋の入口枠を支えるワイヤロープの固定に用いられている。

製図問題

第2章　製図試験

製図試験は甲種消防設備士の受験者を対象に2問程度が出題されます。防火対象物の用途・面積・その他の条件が与えられ，いくつかの問に答える形式で避難器具の設置に必要な知識が試されます。

製図1　下図は屋内に設置された避難器具取付具の固定部分を表している。固定方法はコンクリート床にアンカーボルトを埋め込む工法が用いられている。つぎの各問に答えよ。

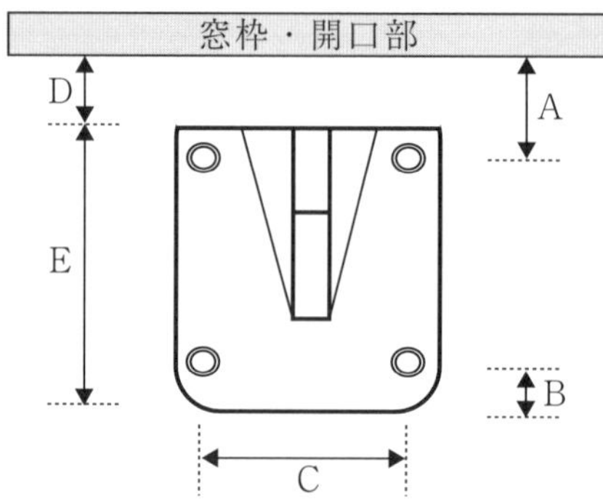

問1　上図において「へりあき寸法」を指している箇所を，A～Eの記号で答えよ。

問2　M10のボルトを使用する場合の「へりあき寸法」を答えよ。

問3　M12のボルトを使用する場合，Cの最小間隔値を答えよ。

問4　M16のボルトを使用する場合の「穿孔深さ」の下限値を答えよ。

解答欄

問1		問3	
問2		問4	

解答と解説 (P.126参照)

まず初めに，コンクリートの床にアンカーボルトを埋め込む工法として**金属拡張アンカー工法**（穿孔アンカー工法）があり，金属拡張アンカー工法が採用できるコンクリート構造として，**鉄筋コンクリート**及び**鉄骨鉄筋コンクリート**があります。

耐力的に弱く，この工法が採用できないものとしては**無筋コンクリート**及び**軽量気泡コンクリート**があることを再確認しておきましょう。

問1　A

へりあき寸法とは，コンクリートの**へり**（縁）**からアンカーボルトまでの長さ**をいいます。

問2　80 mm 以上

アンカーボルトの**埋め込み深さの2倍以上**とする規定があります。

M 10の埋め込み深さは40 mm ですから，80 mm 以上となります。

コンクリートの縁（へり）の近くにアンカーを埋め込むと，締付の際にコンクリートに亀裂等が生じるおそれがあるための基準です。

【アンカーボルトの埋込み深さ，穿孔深さ】

アンカーの呼び径	M 10	M 12	M 16	M 20
埋め込み深さ（mm）	40	50	60	80
穿孔深さの下限（mm）	60	70	90	110

問3　175 mm

アンカーボルトの間隔が近すぎると，コンクリートに亀裂等が生じアンカーの引き抜けの原因となる危険があることから，**アンカー相互の間隔**は**埋込深さの3.5倍以上の長さ**と規定されています。少なくとも埋込深さの3.5倍の間隔が必要となります。

問4　90 mm

アンカーを埋め込むための孔（あな）が浅すぎると，アンカーを十分に埋め込むことができないことから，穿孔の深さの規定があります。

※埋め込み深さ，穿孔深さの表は，製図問題には絶対欠かせない表です。
M 10，M 12の埋め込み深さ＋20 mm が穿孔深さの下限となります。
M 16，M 20の埋め込み深さ＋30 mm が穿孔深さの下限となります。

※コンクリートにあまり深い孔を掘ると強度を落とすことから，コンクリートの厚さに対する穿孔深さの限度も規定されています。必ず50 mm の厚さは残さなければなりません。

製図２　下図は主要構造部を耐火構造とした防火対象物の３階部分である。この階に避難器具を設置するについて次の各問に答えよ。

但し，⑴　この階の従業員の数は30名である。

⑵　A～F は，避難器具の設置に有効な開口部である。

⑶　階段は，いずれも１階に直通している。

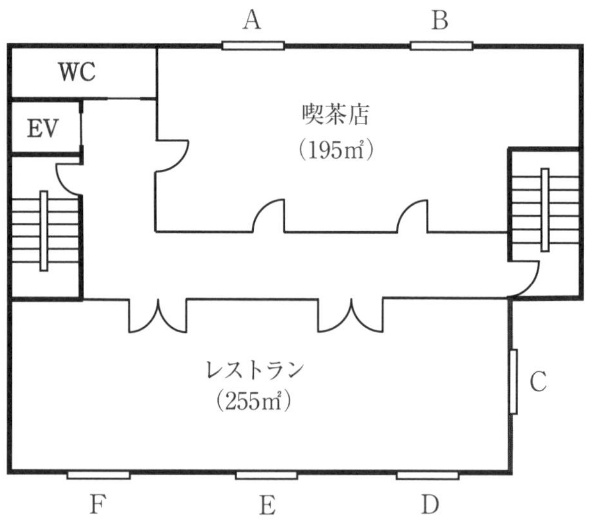

問１　この階の収容人員の計算式を作成し，収容人員を答えよ。

計算式　　　　収容人員　　　名

問２　避難器具の設置個数の計算式を作成し，設置個数を答えよ。

計算式　　　　設置個数　　　個

問３　設置に最も適している箇所を記号で答えよ。

問４　適応する避難器具名を２種類答えよ。

解答と解説

（P.174～177参照）

避難器具の設置は，①その階の**用途**，②その階の**収容人員**，③その階からの**階段**の**数と種類**により，設置義務の有無，設置個数，避難器具の種類が判断されます。

問 1　この階の**用途**は飲食店なので［政令別表第一］の**(3)項**に該当します。従って，**収容人員＝従業員の数＋客数**となります。
客数は，客席が図示されているときは客席の数ですが，本問の場合は面積で表示されているので，**面積÷3 m²**で**客数**を求めます。

計算式　$30+\dfrac{195+255\ (\mathrm{m}^2)}{3\quad (\mathrm{m}^2)}=180$　収容人員　180名

問 2　この階は**直通階段が 2 カ所**あるので，**収容人員50人以上**から設置義務が生じ，避難器具の設置個数は**200人以下ごとに 1 個以上**となります。（避難階段又は特別避難階段ではないので**倍読み**はできない）

計算式　$\dfrac{180人（収容人員）}{200人（以下ごとに 1 個）}=0.9$　設置個数　1 個

問 3　避難器具は，**階段より適当な距離の場所**，**収容者の多い場所**に設置します。
いずれの階段からも等距離にある「**E**」が最適となります。

問 4　緩降機，救助袋，避難はしご，すべり台，避難橋，避難用タラップが適応します。（この中から 2 種類を答える）

製図３　ビルの３階に開設予定の診療所の平面図である。
この階の従業者は，医師４名，看護師６名，事務員等５名である。
この階に避難器具を設置するについて，つぎの問に答えよ。

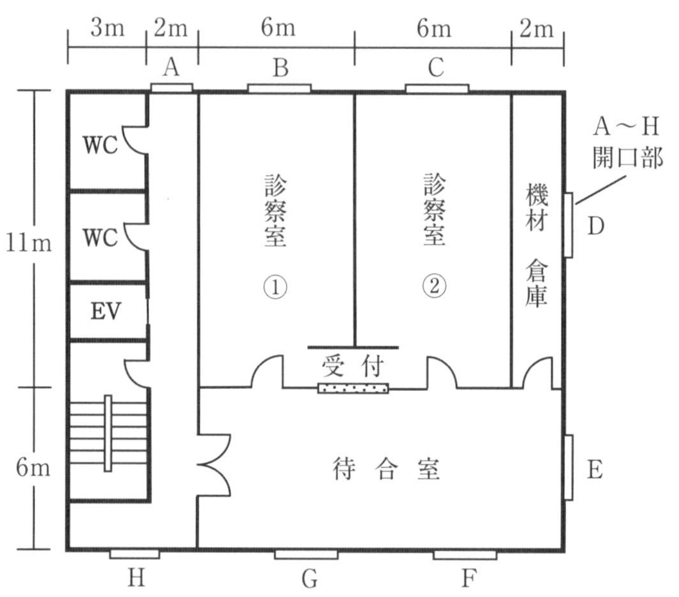

問		解答欄
問１	この階の収容人員を求めよ。	人
問２	避難器具の設置数を求めよ。	台
問３	設置に適した開口部を記号で答えよ。	
問４	適応する避難器具を２以上答えよ。	

解答と解説

（P.174～177参照）

問１　収容人員は，医師など**従業者の数＋待合室の面積÷3m²**で求めます。
４人＋６人＋５人＋(84m²÷３ m²)＝15＋28＝**43人**

問２　３階以上の階で２以上の直通階段がないので，**10人以上から設置義務が生じ100人までごとに１台以上となる。**43÷100＝**１台**

問３　**E**（階段から適当に離れた場所，多数の人が利用又は居る場所）

問４　すべり台，救助袋，緩降機，避難橋　が適応します。

製図4　図は主要構造部を耐火構造とした2階の物品販売店である。
避難器具の設置について次の各問に答えよ。ただし，従業者は15名，階段は避難階段の構造をした直通階段である。

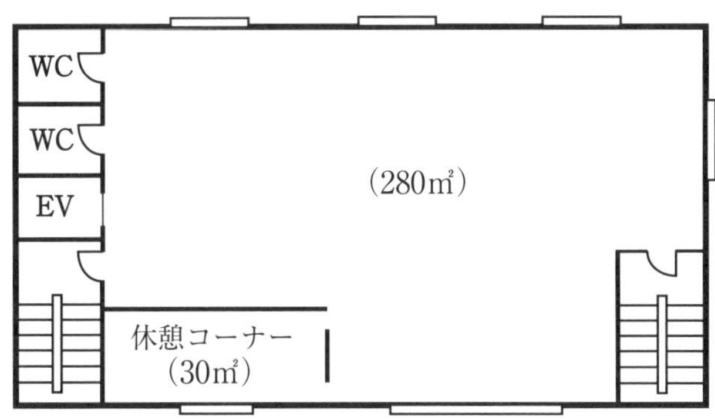

問1　この階の収容人員の計算式を作成し，収容人員を答えよ。

計算式 [　　　　]　収容人員 [　　　名]

問2　法令上この階に避難器具の設置義務があるか否かを答えよ。

◦設置義務あり　　◦設置義務なし

問3　問2で答えた理由を述べよ。

[　　　　]

解答と解説　(P.174～177参照)

問1　用途は⑷項に該当。収容人員は①**従業者の数**＋②**売場面積÷4 m^2**＋③**飲食や休憩等に供する面積÷3 m^2**により求めます。
収容人員＝15＋(280÷4)＋(30÷3)＝95　**95名**

問2　設置の義務はない。

問3　⑷項は2階以上から設置義務があるが，**主要構造部を耐火構造とした建築物の2階は除外する**規定があります。(消令第25条1-3)

製図５　下図は緩降機の取付金具を固定ベース工法により設置した例である。次の問に答えよ。

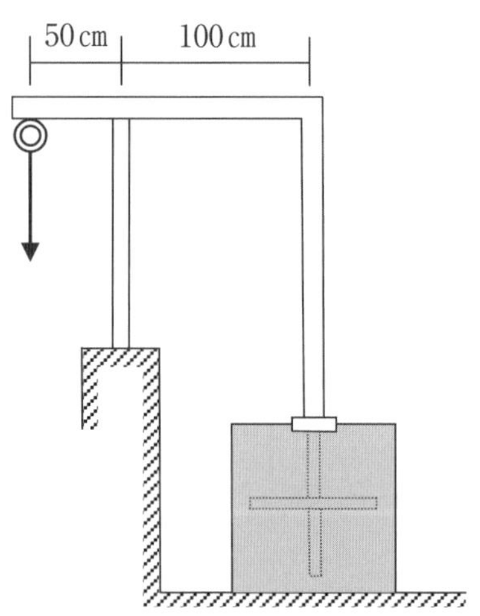

問１　次の条件によりコンクリートベースの高さを求めよ。ただし，小数点以下２位を繰り上げることとする。

⑴　緩降機を使用すると，矢印方向に最大4000N の荷重が働く。
⑵　コンクリートベースの幅は50cm，奥行は50cm である。
⑶　コンクリートベースの重量は，設計荷重の1.5倍とする。
⑷　コンクリートの比重量は0.023N/cm^{3}とする。

cm

問２　避難器具の固定具等を固定するための工法を，固定ベース工法を除き，２つ答えよ。

解答と解説

（P.50，124参照）

問１（解答）　52.2cm

本問は，てこの原理（モーメント）により算出できる問題です。単純なものの組合せです。

右図において**C点**を**てこ**の**支点**と考えると，

Ａ－ＣとＢ－Ｃの力がつり合って**A－C＝B－C**となればよいわけです。

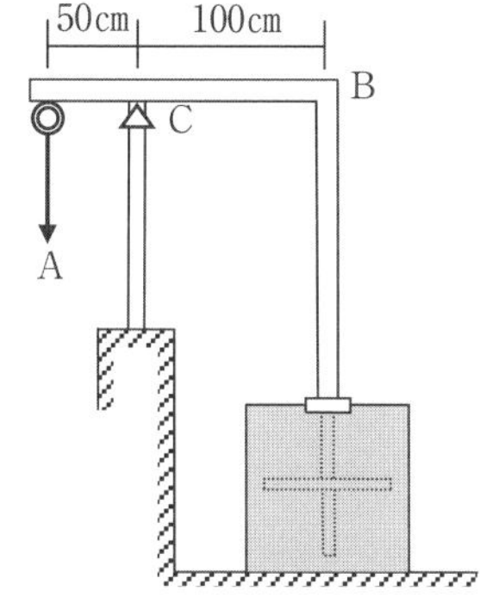

▶**Aに4000Nが加わったときのB点に生じる力**を求めます。

4000N ×50cm ＝ B ×100cm

B＝2000N

▶**固定ベースの重量**は，安全を考えて**設計荷重の1.5倍**とすることから，

2000N ×1.5倍＝**3000N**（以上）とする必要があります。

▶固定ベースの高さ（H）を求めます。

50cm ×50cm × Hcm ×0.023N/cm^3≧3000N

57.5H ≧3000N

H ＝3000÷57.5

高さ（H）＝**52.2cm** となります。

問２　金属拡張アンカー工法，フック掛け工法，貫通工法　等があります。

製図6　**下図は12階建てのホテルを表している。ただし書きを参考にして，法令上，避難器具の設置義務の無い階を答えよ。**

ただし，(1)　図に記した数値は収容人員を表す。

(2)　用途は，特に記した階以外は客室である。

(3)　直通階段は2以上に該当するが，その他の避難器具の減免対象となる施設等はない。

階	用途	収容人員
12Ｆ	パブ・ラウンジ	８５
11Ｆ	レストラン	１００
10Ｆ	客室（２Ｆ～１０Ｆ）	５０
9Ｆ		５０
8Ｆ		２５
7Ｆ		２５
6Ｆ		５０
5Ｆ		５０
4Ｆ		５０
3Ｆ		５０
2Ｆ		１００
1Ｆ	フロント・ロビー	１５０

解答欄

（該当する階を記入する）

解答と解説　（P.174～176参照）

ホテル・旅館などの宿泊施設は，［政令別表第一］の(5)**イ**に該当し，基本的には**収容人員**は**30人以上**から**設置義務**が生じます。

また，**避難器具の設置**は**各階ごとに判断**され，1階・避難階・11階以上の階には設置義務が有りません。

したがって，1階，7階，8階，11階，12階が設置義務の無い階となります。

第5編

模擬試験問題

●**甲種受検者**は，すべての問題の解答をしてください。

●**乙種受験者**は，製図を除いたすべての問題を解答し，基礎知識 5 問，構造機能・規格10問，法令15問，鑑別等 5 問に相当する正解率を算出してください。

●機械の基礎知識●

問題1　長さが2 m の片持ばりがある。はりの自由端に6 kN の荷重を直角に加えたときの最大曲げモーメントとして，正しいものはどれか。

(1)　3 kN・m　　(2)　6 kN・m
(3)　12 kN・m　　(4)　15 kN・m

問題2　直径2 cm の丸鋼棒がある。この丸鋼棒の軸線と直角に3 kN のせん断荷重が作用したとき，丸鋼棒に発生するせん断応力は，次のうちどれか。ただし，小数点以下2位を繰り上げるものとする。

(1)　0.7 MPa　　(2)　6.7 MPa　　(3)　8.6 MPa　　(4)　9.6 MPa

問題3　引張り強さが600 N/mm^2の鋼材がある。この鋼材を使用するときの許容応力を200 N/mm^2としたとき，安全率として正しいものは次のうちどれか。

(1)　0.5　　(2)　1　　(3)　2　　(4)　3

問題4　100 kg の物体を30秒間で15 m の高さに引き上げた。このときの動力として正しいものはどれか。ただし，重力加速度は9.8 m/s^2とする。

(1)　50 W　　(2)　200 W　　(3)　490 W　　(4)　500 W

問題5　下図の滑車を用いて1600 N の物体 W を引き上げるのに必要な力 F として，正しいものは次のうちどれか。

　ただし，滑車とロープの重量，摩擦は無視すること。

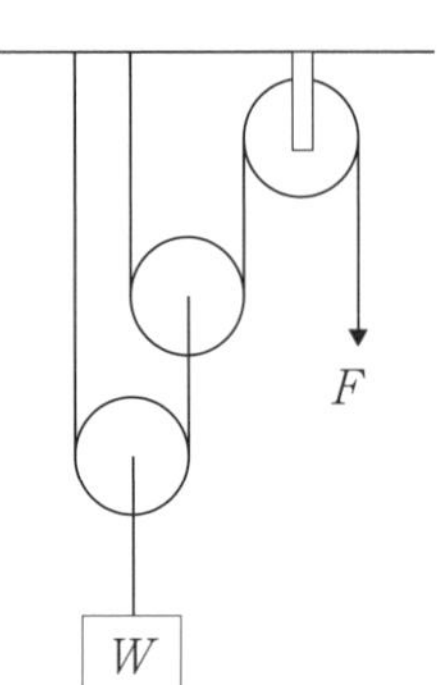

(1)　200 N
(2)　400 N
(3)　600 N
(4)　800 N

問題6 水平な床面に置かれた600 N の物体を水平に動かす場合の最大摩擦力は次のうちどれか。ただし，摩擦係数は0.3とする。

(1) 180 N　(2) 195 N　(3) 200 N　(4) 2000 N

問題7 金属は単体で用いられることは少なく，一般的に合金として性能を高めたうえで使用される。次の合金についての記述のうち，誤っているものはどれか。

(1) 黄銅は銅と亜鉛の合金で，真ちゅうとも呼ばれる。
(2) 青銅は銅とすずの合金で，ブロンズとも呼ばれる。
(3) はんだは亜鉛とすずの合金で，金属の接着に用いられる。
(4) 炭素鋼は鉄と炭素の合金で，炭素の含有量により性質が変わる。

問題8 金属の熱処理についての記述として，誤っているのはどれか。

(1) 焼き入れは，高温に熱した後に急冷却することにより，金属を硬くすることを目的としている。
(2) 焼き戻しは，焼き入れ温度と同程度の温度で再加熱した後に徐々に冷却する。硬度や強度を定着させることを目的としている。
(3) 焼きなましは，金属を高温加熱し一定時間保持した後に，炉内等で極めてゆっくり冷却する。組織の安定化を目的としている。
(4) 焼きならしは，金属を高温加熱し一定時間保持した後に，大気中でゆっくり冷却する。ひずみの除去，切削性の向上が目的である。

問題9 金属の溶接についての記述として，誤っているものはどれか。

(1) スポット溶接やシーム溶接は，圧接に分類される。
(2) 金属を溶かして接着する「はんだ付け」は，融接に分類される。
(3) アンダーカットとは，ビードと母材の境目に溶接線に沿ってできた細い溝のことをいう。
(4) クレータとは，溶接ビードの終わりにできたへこみのことをいう。

問題10　**金属材料についての記述のうち，誤っているものはどれか。**

(1) 青銅は銅とすずの合金でブロンズと呼ばれ，最も古い合金と言われている。
(2) 炭素鋼は鉄と炭素の合金であるが，炭素の含有量が増加するほど加工性は増加する。
(3) オーステナイトとは，鉄鋼の組織の名称の１つで強度及び性能に優れた安定的な組織の鋼をいう。
(4) 浸炭とは鋼の表面部分のみを硬くするために，鋼の表面層に炭素を添加，浸入させる処理を言う。

●構造・機能・規格●

問題１　**金属製避難はしごに関する記述のうち，誤っているものはどれか。ただし，縦棒が１本のものを除く。**

(1) 縦棒の間隔は内法寸法で30 cm 以上50 cm 以下でなければならない。
(2) 横桟と防火対象物との間隔は15 cm 以上でなければならない。
(3) 横桟は縦棒に同一間隔で取付けられたものであり，その間隔は25 cm 以上35 cm 以下でなければならない。
(4) 横桟は14 mm 以上35 mm 以下の円形の断面を有するもの又はこれと同等の握り太さの他の形状の断面を有するものとする。

問題２　**金属製避難はしごについて，誤っている記述のものはどれか。**

(1) ハッチ用のつり下げはしごには「ハッチ用」であることの表示をする。
(2) 縦棒が１本の固定はしごは，横桟の先端に縦棒の軸と平行に長さ5 cm 以上の横滑り防止の突子を設ける。
(3) 立てかけはしごは，上部支持点に滑り止めを，下部支持点に転倒防止のための安全装置を設ける。
(4) ハッチ用つり下げはしごは，定められた試験器具を使用して，荷重取付位置から1000 N の静荷重を加える試験において，上部横桟取付け部から下部横桟取付け部までの水平距離は0.4 m 以下とする。

問題 3 **避難器具を設置するための開口部についての記述のうち，誤っているものはどれか。**

⑴ 壁面に避難はしごを設ける場合は，高さ0.8 m 以上幅0.5 m 以上又は高さ1 m 以上幅0.45 m 以上の開口部が必要である。

⑵ 床面に避難はしごの開口部を設ける場合は，直径0.6 m 以上の円が内接する大きさとしなければならない。

⑶ 壁面に緩降機を設ける場合は，高さ0.8 m 以上幅0.5 m 以上又は高さ1 m 以上幅0.45 m 以上の開口部が必要である。

⑷ 壁面に救助袋を設ける場合は，高さ0.6 m 以上幅0.6 m 以上の開口部が必要である。

問題 4 **避難器具用ハッチについての記述のうち，誤っているものは次のどれか。**

⑴ 避難器具用ハッチの本体の上端は，床面から10 cm 以上の高さとする。

⑵ アンカーにより取付けるものは，固定箇所を 4 箇所以上とする。

⑶ 3 動作以内で，容易，確実に避難器具を展張できること。

⑷ 屋外に設けるものは，直径6 mm 以上の排水口を 4 個以上設ける。又は，これと同等以上の面積の排水口を設けること。

問題 5 **緩降機についての記述のうち，誤っているものはどれか。**

⑴ 緩降機の取付位置の高さは，床面から1.5 m 以上1.8 m 以下としなければならない。

⑵ 壁面からロープの中心までの間隔を0.15 m 以上0.3 m 以下とする。

⑶ 降下空間を共用する複数の緩降機を設置する場合は，器具相互の中心を1 m まで近接させることができる。

⑷ 緩降機のロープは取付位置から降着面までの長さとする。又は着用具の下端が降着面から±0.5 m の位置となる長さとする。

問題6　**緩降機についての記述のうち，誤っているものはどれか。**

(1)　調速器は，緩降機の降下速度を毎秒16 cm 以上150 cm 以下に調節する装置である。

(2)　可搬式緩降機の調速器の質量は，10 kg 以下とする規定がある。

(3)　調速器の連結部は，調速器とロープを安全に連結する部分をいう。

(4)　緩降機とは，使用者が他人の力を借りずに自重により自動的に連続交互に降下することができる機構を有するものをいう。

問題7　**垂直式救助袋について，誤っているものはどれか。**

(1)　誘導綱は，袋本体の長さに4 m を加えた長さ以上とする。

(2)　垂直式救助袋の降下速度は，毎秒4 m 以下の速さとする。

(3)　垂直式救助袋には，下部支持装置を設けないことができる。

(4)　袋本体の下部出口付近に4個以上の取手を左右対称に設ける。

問題8　**斜降式救助袋の固定具を収める「固定環ボックス」についての記述のうち，誤っているものはどれか。**

(1)　固定環ボックスに設けられるフタは，容易に開放できる構造とする。

(2)　箱の内部に雨水等が滞留しないよう，水抜き措置が講じられる。

(3)　箱の内部には救助袋を固定するための固定環が設けられている。

(4)　箱のフタには固定環ボックスであることを識別できる表示をする。

問題9　**斜降式救助袋の設置について，誤っているものはどれか。但し，防火対象物の壁面に沿って降下する方式とする。**

(1)　救助袋と壁面との間隔は，突起物等がある場合を除き0.3 m 以上とすることができる。

(2)　ひさしなどの突起物がある場合は，突起物の先端から0.5 m 以上とすることができる。

(3)　突起物が入口金具から下方3 m 以内にある場合は，壁面との間隔は0.3 m 以上とすることができる。

(4)　救助袋は，壁面に設けられた高さ0.5 m 以上，幅0.5 m 以上の大きさの開口部に設置することができる。

問題10 **避難器具の設置についての記述のうち，誤っているものは，次のどれか。**

(1) 避難器具は，防火対象物の柱，床，はり，その他堅固な部分又は堅固に補強された部分に取付ける。
(2) 避難器具の設置を示す標識は，縦0.12 m 以上横0.36 m 以上の大きさとする。
(3) 避難の効率化を図るため，原則として避難器具の降下口は直下階の降下口と相互に同一垂直線上にある位置に設ける。
(4) 避難器具を設置又は格納する場所には，見やすい箇所に「避難器具である旨」及び「使用方法」を表示する標識を設ける。

問題11 **固定収納式避難はしごの設置について，最も不適切なものはどれか。但し，窓は開口部としての面積要件は満たしているものとする。**

(1) 内側に扉が開く片開き窓
(2) 引違い式の窓
(3) 外側に扉が開く両開き窓
(4) 扉の上げ下げにより開閉する窓

問題12 **アンカーボルトなどの引き抜きに対する耐力の確認を行う際の締付トルク（T）を求める算式は次のうちどれか。**
但し，それぞれの単位は，T：kN・cm，D：cm，N：kN とする。

(1) $T=0.024\,DN$　　(2) $T=0.24\,DN$
(3) $T=1.024\,DN$　　(4) $T=1.24\,DN$

問題13 **金属製つり下げはしごを設定伸長した際，最下段の横桟と降着面等の間隔として正しいものはどれか。**

(1) 30cm 以下　　(2) 40cm 以下
(3) 50cm 以下　　(4) 60cm 以下

問題14　**避難器具の設置及び維持の基準に関する用語の意義についての記述のうち，不適切なものはどれか。**

(1)　開口部とは，避難器具の設置に有効な面積を持つ開口部をいう。
(2)　避難空地とは，避難器具の降着面等付近の避難上の空地をいう。
(3)　操作面積とは，避難器具を使用可能な状態にするための操作に必要な取付部付近の壁面の面積をいう。
(4)　降下空間とは，安全避難のために避難器具の設置階から降着面等までの避難器具の周囲に保有しなければならない空間を言う。

問題15　**下図は緩降機の降下空間を表している。A 及び B の組合せのうち正しいものはどれか。ただし，A は降下空間（円柱形）の半径，B は壁面からロープの中心までの距離を表している。**

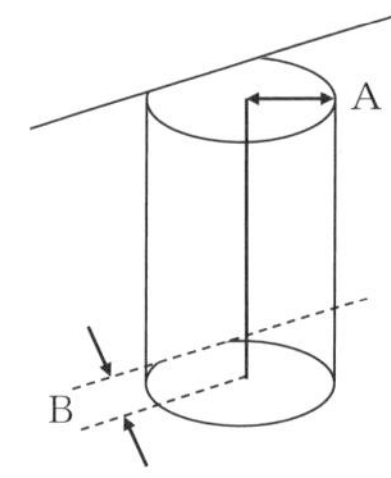

	A	B
(1)	0.3m 以上	0.05m～0.20m 以下
(2)	0.4m 以上	0.10m～0.25m 以下
(3)	0.5m 以上	0.15m～0.30m 以下
(4)	0.6m 以上	0.20m～0.35m 以下

問題16　**下図は固定式避難はしごの降下空間を表している。A 及び B の組合せのうち正しいものはどれか。**

	A	B
(1)	1 m 以上	1.1m 以上
(2)	2 m 以上	1.2m 以上
(3)	3 m 以上	1.3m 以上
(4)	4 m 以上	1.4m 以上

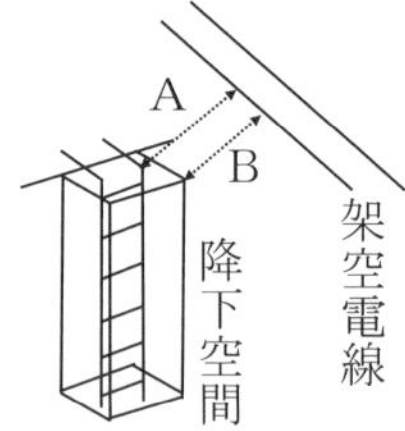

問題17　**避難器具専用室について誤っているものはどれか。**

(1)　避難器具専用室は，避難はしご又は避難用タラップを地階に設置する場合の専用の室をいう。

(2)　避難器具専用室は，建築基準関係法令で定める不燃材で区画されていること。ただし，防火性能を鑑みガラスは用いないこと。

(3)　避難階に設ける上昇口は，避難器具を取り付けた状態で直径0.5m 以上の円が内接することができる大きさ以上であること。

(4)　避難器具専用室の入口には，随時開けることができ，自動的に閉鎖する高さ1.8m 以上，幅0.75m 以上の一定の防火戸を設ける。

問題18　**避難器具の設置についての記述のうち，不適切なものはどれか。**

(1)　避難器具は，安全な構造を有する適切な開口部に設置すること。

(2)　避難器具は，避難に際して容易に接近できる位置に設けること。

(3)　避難器具は避難の効率を考え，階段，避難口，その他の避難施設に近い位置に設けること。

(4)　避難器具は，開口部に常時取り付けて置くか，又は必要に応じて速やかに開口部に取り付けが可能な状態にしておくこと。

問題19　**避難器具又は取付具の固定方法についての記述のうち，誤っているものはどれか。**

(1)　鉄筋コンクリートの柱・床等に金属拡張アンカーボルトを埋め込んで，固定する方法を金属拡張アンカー工法という。

(2)　鉄筋コンクリートのバルコニー等に鉄筋又は鉄骨で補強された固定ベースを置いて固定する方法を固定ベース工法という。

(3)　鉄筋コンクリート内部の鉄骨又は鉄筋に先端をかぎ状に曲げたボルトを溶接又はフックさせる方法をフック掛け工法という。

(4)　木造構造物の柱・はり等に確実に固定するため，ボルトを貫通させて固定する方法を貫通工法という。

問題20 **避難器具の点検及び整備についての記述のうち，誤っているものは次のどれか。**

(1) 避難はしごのつり下げ金具は，固定部材に確実に取り付けられること，かつ，容易に取り付けられる状態であることを確認した。
(2) 救助袋の入口金具の引き起こしが円滑であること，また，回転部分に余分な遊びがないことを確認した。
(3) 緩降機のロープを左右に引いて調速器の作動状況を確認したところ，軽くではあるが抵抗感があったので，専門業者に調整を依頼した。
(4) 取付具，固定部材，格納箱等に変形，損傷，錆，腐食等の異常がないことを確認するとともに，ボルト・ナット等の締付状態に異常の無いことをトルクレンチを用いて確認した。

●法令・共通●

問題1 **防火管理者の選任義務の無い防火対象物は次のうちどれか。**

(1) 収容人員15名で延面積が100 m²の老人短期入所施設
(2) 収容人員30名で延面積が300 m²の集会場
(3) 収容人員30名で延面積が300 m²の料理店
(4) 収容人員30名で延面積が500 m²の図書館

問題2 **消防の用に供する設備等に必要な防火安全性能について，法令上誤っているものは次のうちどれか。**

(1) 火災予防支援性能　(2) 初期拡大抑制性能
(3) 避難安全支援性能　(4) 消防隊活動支援性能

問題3 **消防設備士についての記述のうち，誤っているものはどれか。**

(1) 業務を誠実に行い，消防設備等の質の向上に努めなければならない。
(2) 消防設備士は，業務に従事するときは免状を携帯しなければならない。
(3) 消防設備士免状の保有者は，全員が法定講習を受けなければならない。
(4) 消防設備士免状の交付を受けた日から2年以内に法定講習を受講し，その後は5年以内ごとに受講しなければならない。

問題 4　**消防用設備等又は特殊消防用設備等の工事その他についての記述のうち，誤っているものはどれか。**

(1)　工事を行う消防設備士は，工事着手日の10日前までに，消防長又は消防署長に着工届を提出する。

(2)　消防用設備等の変更工事の場合も着工届は提出しなければならない。

(3)　設置工事が完了した場合は，工事が完了した日から 4 日以内に，消防設備士は消防長又は消防署長に設置届を提出しなければならない。

(4)　設置届を提出した後，一定の防火対象物は消防機関による検査を受けなければならない。

問題 5　**消防用機械器具等の検定について，誤っているものは次のどれか。**

(1)　型式承認を受け，型式適合検定に合格したものには合格証が付される。

(2)　型式承認は，機械器具等の型式に係わる形状等及び性能が省令で定める技術上の基準に適合している旨の総務大臣が行う承認をいう。

(3)　型式適合検定は，個々の機械器具等が型式承認と同一であるか否かについて行う検定で，日本消防検定協会又は登録検定機関が行う。

(4)　型式承認の印があるものにつては，型式適合検定の申請手続きを済ますことにより，当該器具を工事に使用することができる。

問題 6　**消防用設備等又は特殊消火設備等の定期点検についての記述のうち，誤っているものはどれか。**

(1)　延面積が1000 m^2以上の特定防火対象物の消防用設備等の点検は，消防設備士又は消防設備点検資格者にさせなければならない。

(2)　延面積が1000 m^2以上の非特定防火対象物のうち，消防長または消防署長等から指定されたものは，点検及び報告の義務がある。

(3)　特定 1 階段等防火対象物については，延面積1000 m^2以上のものが定期点検及び報告の対象となる。

(4)　特殊消防用設備等の点検及び報告は，特殊消防用設備等設置維持計画に定める期間内に行う。

問題7 **消防用設備等の技術上の基準に関する規定が新たに施行又は適用される際に，適用の除外の対象となるものはどれか。**

(1) 漏電火災警報器
(2) スプリンクラー設備
(3) 規定施行後に床面積の合計が1000 m^2以上の増改築をするもの。
(4) 規定施行後に主要構造壁又は床面積の合計の2分の1以上となる増築・改築，大規模修繕をするもの。

問題8 **防火対象物と政令別表第一における該当項との組み合わせのうち，誤っているものは次のうちどれか。**

(1) 飲 食 店…(3)項
(2) カラオケ…(2)項
(3) 映 画 館…(9)項
(4) 事 務 所…(15)項

●法令・類別●

問題1 **避難設備の設置についての記述のうち，誤っているものはどれか。**

(1) 避難器具は，1階，避難階，11階以上の階には設置義務はない。
(2) 避難器具の設置は防火対象物の規模に関係なく，各階が対象である。
(3) 避難器具は多数の目に触れるよう，階段や避難階段の近くに設ける。
(4) 避難階段が3箇所以上ある場合でも避難器具の設置対象となる。

問題2 **次のもののうち避難器具を設置しなければならない防火対象物はどれか。但し，設置の減免の対象となる施設はない。**

(1) 木造建築の旅館の地階で，収容人員が30名であるもの。
(2) 木造建築の2階事務所で，収容人員が100名のもの。
(3) 耐火建築の1階の映画館で，収容人員が200名のもの。
(4) 耐火建築の地階の劇場で，収容人員が40名のもの。

問題3　避難器具を設置すべき防火対象物と基準となる収容人員との組み合わせのうち，誤っているものはどれか。

(1)　病　院　…　20人以上　　(3)　百貨店　…　40人以上
(2)　ホテル　…　30人以上　　(4)　事務所　…　150人以上

問題4　避難階段の構造について消防庁長官が定めているが，直接外気に開放された排煙上有効な面積として，正しいものはどれか。

(1)　2 m^2以上　(2)　3 m^2以上　(3)　4 m^2以上　(4)　5 m^2以上

問題5　屋上広場の直下階の避難器具等の設置が免除される要件として誤っているものは次のうちどれか。

(1)　主要構造部が耐火構造であること。
(2)　屋上広場の面積が1200 m^2以上であること。
(3)　屋上の直下階から屋上広場に通じる避難階段 又は特別避難階段が 2 以上あること。
(4)　屋上広場に面する窓，出入口には，防火戸又は鉄製網入りガラス戸が設けられていること。

問題6　消防法施行令第25条に定められた避難器具の適応性について，防火対象物と避難器具の組合せのうち，誤っているものはどれか。

(1)　3 階の診療所……避難用タラップ
(2)　4 階の学習塾……すべり台
(3)　5 階のカフェ……緩降機
(4)　6 階の事務所……避難橋

問題7　建物の階段に関する記述について，誤っているものはどれか。

(1)　直通階段とは，避難階又は 1 階に直接通じている階段をいう。
(2)　階段室とは，階段が設置されているたて穴区画のことをいう。
(3)　避難階段には，屋内に設けるもの及び屋外に設けるものがある。
(4)　特別避難階段は，更なる避難の安全性を考慮して屋外に設けられる。

●鑑別等試験●

問題1　下図は，避難設備の工事の際に用いるものである。

A，Bの名称および用途を解答欄に簡潔に答えよ。

A　　　　　　　　　　　　　　B

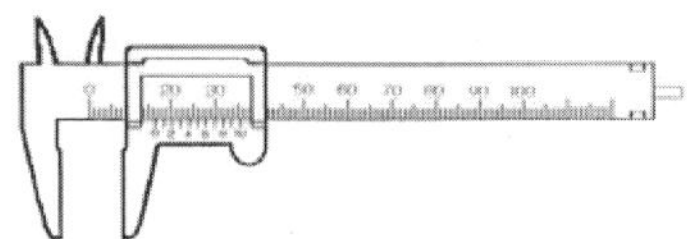

解答欄

記号	名　称	用　　途
A		
B		

問題2　下図は避難器具の例である。次の問に答えよ。

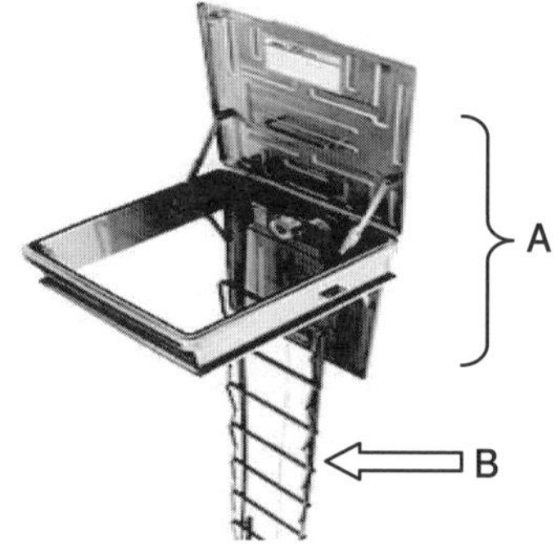

問1　Aの名称およびBの規格上の名称を答えよ

A		B	

問2　Bの下端と降着面等との間に定められた法令上の間隔を答えよ。

m（以下）

問題3 下図は避難器具の緩降機である。図のA～D，それぞれの名称及び機能又は用途を答えよ。

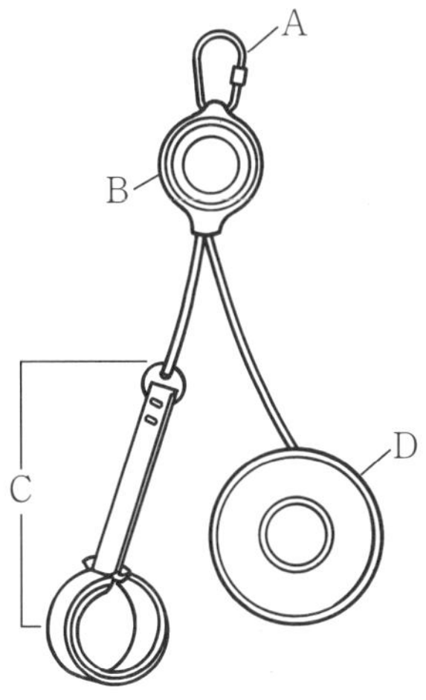

解答欄

記号	名　　称	機　能・用　途
A		
B		
C		
D		

問題4 下記の避難器具の設置に関する記述について，空欄を埋めよ。

・複数の緩降機を設置する場合は，器具相互の中心を［ イ ］m まで近接させることができる。
また，垂直式救助袋を設置する場合で降下空間及び避難空地を共用する場合は，器具相互の［ ロ ］を［ ハ ］m まで接近させることができる。

解答欄

イ	
ロ	
ハ	

問題5 下図の避難器具について，次の問いに答えよ。

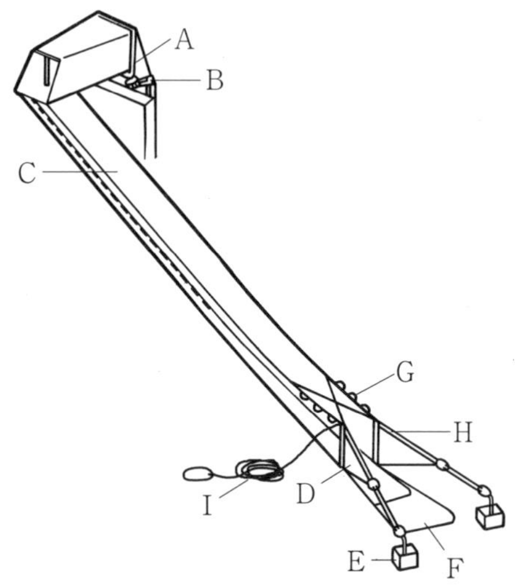

問1 この避難器具の名称を答えよ。

名　称	

問2 A～Iの各部の名称を答えよ。

A		D		G	
B		E		H	
C		F		I	

問3 この避難器具の長さが25 m であった場合，図のⅠで示すものの法令に定める最小の長さを答えよ。

m

●製図試験●

問題 1 下図は避難器具固定具の概略図である。次の問に答えよ。

ただし，垂直部材の頂部に図で示すようにアームが水平に突き出ており，避難器具使用時にアームの矢印の位置に4000 Nの荷重が垂直方向にかかるものとする。

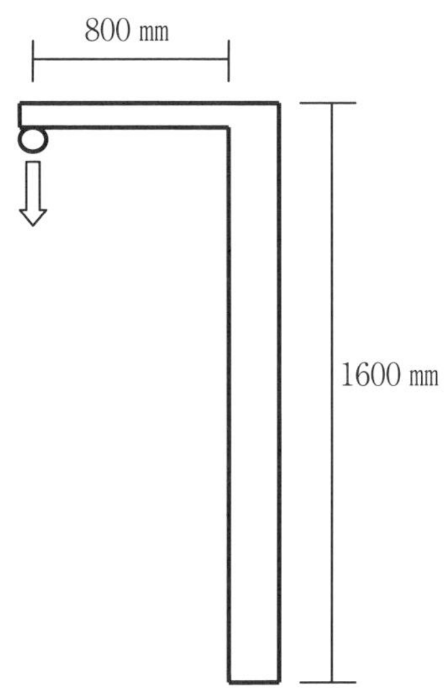

問 1 アームにおける曲げモーメントを求めよ。

問 2 アームの曲げ応力度を求めよ。

ただし，アームの断面係数は16000 mm^3とする。

問 3 アーム材料の許容曲げ応力が240 N/mm^2であるとした場合，この材料が適合するか否かをその理由を付して答えよ。

問題2 下図は主要構造部を耐火構造とした防火対象物の3階部分である。この階に避難器具を設置するについて次の各問に答えよ。

但し，(1) この階の従業員の数は，合計で50名である。

(2) A〜Fは，高さ1m横幅0.5mの開口部である。

(3) 階段は，建築基準法施行令第123条及び第124条に規定する避難階段の構造をした直通階段である。

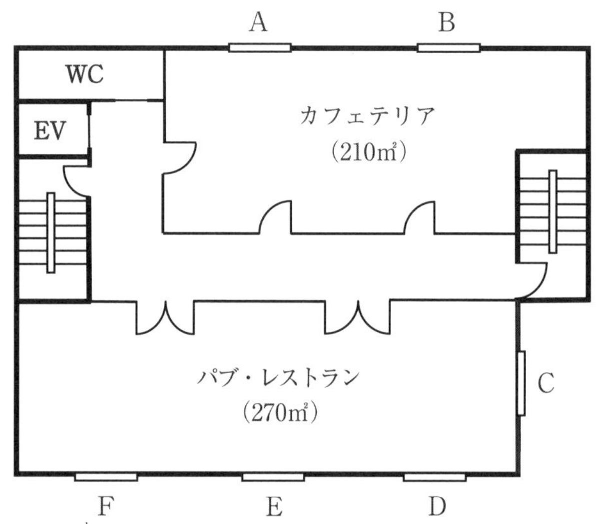

問1　この階の収容人員の計算式を作成し，収容人員を答えよ。

計算式　　　収容人員

問2　避難器具の設置個数の計算式を作成し，設置個数を答えよ。

計算式　　　設置個数

問3　設置に最も適している箇所を記号で答えよ。

問4　開口部の形状から，設置できる避難器具名を2種類答えよ。

模擬試験解答

●機械の基礎知識●

解答

問題1　(3)　※はりの末端に荷重をかけた場合が，最大となります。
したがって，2m ×6 kN ＝12 kN・m

問題2　(4)　※せん断応力は，［せん断荷重÷断面積］で求めます。
3000 N ÷314 mm^2（丸鋼棒の断面積）＝9.6 N/mm^2
N/mm^2 ＝ MPa であるから，9.6 MPa となります。

問題3　(4)　※安全率は，［引張り強さ÷許容応力］で求めます。
したがって，600÷200 ＝ 3　となります。

問題4　(3)　※動力は，［仕事量÷時間（秒)］で求めることができます。
仕事量 ＝ 100 kg ×15 m ×9.8 ＝ 14700〔N・m〕
動　力 ＝ 14700÷30（秒）＝ 490〔N・m/s〕
〔N・m/s〕＝〔J/s〕＝〔W〕　∴490〔W〕

問題5　(2)　※力 F は［重量÷ 2^n］で求めます。2^nの n は動滑車の数です。本問では 2 個ですから 2^2 ＝ 4 となります。
したがって，1600 N ÷ 4 ＝ 400 N となります。

問題6　(1)　※最大摩擦力（F）＝摩擦係数（μ）×物体の重量（W）で求めることができます。
したがって，0.3×600 N ＝ 180 N　となります。

問題7　(3)　※はんだは，鉛とすずの合金です。

問題8　(2)　※焼き戻しは一般的に焼き入れ温度よりは低い温度で再加熱します。また目的としては，焼き入れにより硬くなりすぎた金属の軟度を回復する目的で行います。

問題9　(2)　※はんだ付けは，ろう付けに分類されます。
融接に属するものとしては，アーク溶接，ガス溶接，テルミット溶接，等があります。

問題10　(2)　※炭素量が多くなるほど硬くなる反面もろくなり，展延性は減少するため加工しにくくなります。

●構造・機能・規格●

解答

問題1　(2)　※横桟と防火対象物の間隔は，10 cm 以上です。

問題2　(3)　※上部支持点には滑り止め及び転倒防止のための安全装置，下部支持点には滑り止めを設けることとされています。

問題3　(2)　※直径0.5 m 以上が正しい。

問題4　(1)　※1 cm 以上の高さが正しい。

問題5　(3)　※緩降機は器具相互の中心を0.5 m まで近接させることができ，垂直式救助袋は相互の外面を1 m まで近接できます。

問題6　(3)　※取付具と調速器を連結する部分です。

問題7　(4)　※垂直式は4個以上の取手を左右均等に設け，斜降式は6個以上の取手を左右対称に設ける。均等と対称に注意！

問題8　(4)　※フタには救助袋の設置階が識別できるように表示される。

問題9　(4)　※救助袋の壁面の開口部は，0.6 m 以上×0.6 m 以上です。

問題10　(3)　※降下口は直下階の降下口と相互に同一垂直線上にない位置に設けることが基本です。

問題11　(3)　※外側のはしごへの避難に支障をきたすおそれがある。

問題12　(2)　※度々登場する重要な算式です。覚えておきましょう。

問題13　(3)　※はしごに限らず，緩降機も救助袋も同じ基準です。

問題14　(3)　※操作面積は，避難器具を使用状態にする操作に必要な取付部付近の床面などの面積をいいます。

問題15　(3)　※ A は0.5m，B は0.15m 以上0.3m 以下となります。

問題16　(2)　※ A：2m 以上，B：1.2m 以上と定められています。

問題17　(2)　※網入りガラスは用いることができます。

問題18　(3)　※階段・避難口・その他の避難施設から適当な距離の2方向避難を補完する位置に設けます。

問題19　(4)　※貫通工法は，デッキプレート等のようにボルト穴を貫通させて，鉄板等で挟み込む形で固定する方法をいいます。

問題20　(3)　※ロープを左右に引いたときに，軽い抵抗感がある状態が正常な状態です。

●法令・共通●

問題1 ⑷ ※⑴の（6）ロは，収容人員10名以上で選任義務が生じる。

問題2 ⑴ ※必要な防火安全性能は，⑵⑶⑷です。

問題3 ⑷ ※免状の交付日以後の最初の4月1日から2年以内，講習受講日以後の最初の4月1日から5年以内ごとに受講する。

問題4 ⑶ ※設置届は，防火対象物の関係者に届出義務があります。

問題5 ⑷ ※型式承認を受け，型式適合検定に合格し，合格証が付された後でなければ，販売・陳列・使用ができません。

問題6 ⑶ ※特定1階段等防火対象物は面積の規定がありません。

問題7 ⑵ ※新基準に合わせるものをチェックしておきましょう。

問題8 ⑶ ※映画館は劇場・演芸場などと共に，政令別表第一の第1項に分類される特定防火対象物です。

●法令・類別●

問題1 ⑶ ※階段からは適当に離れた位置に設置します。

問題2 ⑴ ※5項は30名以上から設置する（階により10名以上）。

問題3 ⑶ ※基準となる収容人員・設置個数は確実に把握しましょう！

問題4 ⑴ ※消防庁長官の定める部分です。

問題5 ⑵ ※1500 m^2以上が正しい面積です。

問題6 ⑴ ※診療所・病院などにおける避難用タラップは地階および2階までに適応します。

問題7 ⑷ ※特別避難階段は，屋内避難階段の避難の安全性をさらに高めた階段で，屋外に設けられることはありません。

●鑑別等試験●

問題1

A　名称：金属拡張アンカー
　用途：避難器具や固定具の固定に用いる。

B　名称：ノギス
　用途：ボルトや配管の外径や内径，奥行き等の精密な測定に用いる。

問題２

問１ **A**：避難器具用ハッチ **B**：避難ハッチ用つり下げはしご

問２ 0.5 m（以下）

問題３

A 名称：調速器の連結部 用途：取付け具と調速器を連結する。

B 名称：調速器 用途：降下速度を一定範囲に調節する。

C 名称：着用具 用途：使用時に使用者の身体を保持する。

D 名称：リール 用途：ロープ及び着用具を巻き収める。

問題４ **イ**：0.5（m） **ロ**：外面 **ハ**：１（m）

問題５

問１ 斜降式救助袋

問２ A：入口枠 B：取付具 C：袋本体 D：保護マット
E：固定環ボックス F：受布 G：取手 H：張設ロープ
I：誘導綱

問３ 25 m 図Ｉの斜降式救助袋の誘導綱の長さは，袋本体の全長以上の長さとすることが認められています。

●製図試験●

問題１

問１ 3200〔kN・mm〕 4 kN ×800 mm ＝ 3200
（3200〔N・m〕） （4000 N ×0.8 m ＝ 3200）
※桁数が多くなる場合は，単位を整理しても構いません。

問２ 0.2〔kN/mm^2〕 又は 200〔N/mm^2〕
※「曲げ応力」は[曲げモーメント÷ 断面係数]で算出します。
3200〔kN・mm〕÷16000〔mm^3〕＝ 0.2〔kN/mm^2〕

問３ 適合する。 理由：アームに生じる曲げ応力が，アーム材料の許容曲げ応力より小さい。

問題２

問１　$50+\frac{210+270\ (m^2)}{3\quad (m^2)}=210$　収容人員　210名

問２　$\frac{210}{400}=0.52$　算出個数＝１個　設置個数＝０個

※直通避難階段が２箇所あるため，緩和規定が適用され200人以下ごとに１個の設置が400人以下ごとに１個となります。

また，但し書き(3)より**消防法施行規則第26条２項**の緩和規定（下式）が適用され，最終的に設置不用となります。

１（算出個数）－２（避難階段の数）＝－１

問３　避難器具は，階段から適当な距離の場所に設置することとされていることから，Ｅの開口部に設置することが適切となります。

問４　開口部の形状（高さ１ｍ×横幅0.5ｍ）から，避難はしご，緩降機が適応します。

著者紹介

近藤　重昭（こんどうしげあき）

消防用設備・ビル関連設備の管理業務に携わりながら「設備管理セミナー室」を主宰し，諸企業の社員研修を行いつつ消防設備士をはじめとする資格者・技術者の育成にあたっている。消防設備士の全類・ビル設備関連の多くの資格を取得した著者自身の経験と，長年に渡る数多くの研修生・セミナー受講者との接触により得た資格試験への受験対策を基に，受験用教材の出版にも関わっている。

※当社ホームページhttp://www.kobunsha.org/では，書籍に関する様々な情報（法改正や正誤表等）を随時更新しております。ご利用できる方はどうぞご覧ください。正誤表がない場合，あるいはお気づきの箇所の掲載がない場合は，右記の要領にてお問い合わせください。

よくわかる！第5類消防設備士試験

著　　者　近藤　重昭
印刷・製本　亜細亜印刷㈱

発 行 所　株式会社　弘　文　社
〒546-0012 大阪市東住吉区中野2丁目1番27号
☎ (06) 6797－7441
FAX (06) 6702－4732
振替口座 00940－2－43630
東住吉郵便局私書箱1号

代 表 者　岡﨑　　靖

ご注意
（1）本書は内容について万全を期して作成いたしましたが，万一ご不審な点や誤り，記載もれなどお気づきのことがありましたら，当社編集部まで書面にてお問い合わせください。その際は，具体的なお問い合わせ内容と，ご氏名，ご住所，お電話番号を明記の上，FAX，電子メール（henshu2@kobunsha.org）または郵送にてお送りください。なお，お電話でのお問い合わせはお受けしておりません。
（2）本書の内容に関して適用した結果の影響については，上項にかかわらず責任を負いかねる場合がありますので予めご了承ください。
（3）落丁・乱丁本はお取り替えいたします。